图释新古典主义建筑

于 辉 张 宇 编著

中国建筑工业出版社

图书在版编目（CIP）数据

图释新古典主义建筑／于辉，张宇编著.—北京：中
国建筑工业出版社，2013.9
ISBN 978－7－112－15854－6

Ⅰ.①图… Ⅱ.①于…②张… Ⅲ.①新古典主义–建筑
艺术–图解 Ⅳ.①TU–86

中国版本图书馆CIP数据核字（2013）第219464号

责任编辑：唐　旭　李成成
责任校对：陈晶晶　赵　颖

图释新古典主义建筑

于　辉　张　宇　编著

*

中国建筑工业出版社出版、发行（北京西郊百万庄）

各地新华书店、建筑书店经销

北京锋尚制版有限公司制版

北京方嘉彩色印刷有限责任公司印刷

*

开本：880×1230毫米　1/32　印张：4⅛　插页：1　字数：200千字
2013年9月第一版　　2013年9月第一次印刷
定价：36.00元
ISBN 978－7－112－15854－6
（24606）

前言

　　此书的源起最初是来自对国内建筑行业一种流行风格的阐释。近些年来，"新古典主义"风格在全国各地的房地产项目上流行，其宣传遍布各大媒体。而对于普通大众，抑或是设计者，也未必能完全厘清何谓"新古典主义"。作为建筑史上一个重要的历史时段，了解其本质、系统结构、产生、变化及衰亡的过程，才能理解其社会背景、历史意义及传统价值。本书的内容着重于此。

　　"新古典主义"影响了那一时代的各个文化领域，对于建筑创作的影响是最大的，本书的编者从事建筑教育工作，所以对新古典主义建筑的阐述在本书中所占篇幅最多。囿于知识面及篇幅有限，虽然尽力叙述和阐释这一历史时期主要方面的成就，但也不可避免地会把复杂而丰富的历史简单化了，还有待

于喜欢的读者去做更深入的研究。

　　关于本书的时间断代主要从两方面考虑，一是参阅了重要的书籍文献，如清华大学陈志华先生的《外国建筑史》；二是根据"新古典主义"产生的社会根源与风格特征进行归纳，总结出"新古典主义"的两个时段：1750~1900年，流行于欧洲和北美地区的古典复兴（希腊复兴和罗马复兴）、浪漫主义（哥特复兴）、折中主义风格，以及20世纪50年代以来跻身于后现代的典雅主义（古典主义）风格。

　　建筑史上的"新古典主义"是一个特定历史时期的风格总括，它以英、德、法等几个主要的欧洲国家为先导，继而影响了整个欧洲和北美，甚至是东亚国家，是几种复古思潮的整体概念。"新古典主义"的社会根源和物质

基础在欧洲，资产阶级革命的启蒙思想和古希腊遗迹的考古研究推动了启蒙主义建筑理论，即批判的理性。欧洲主要国家根据自身的社会状况与需要，发展了这一时期不同风格的建筑，其共同点都是理性的古典主义。在深远的建筑历史中，"新古典主义"很难说是一个非常成熟的风格，它的独特性、稳定性和一贯性并不明显。它反映了当时占统治地位的社会阶层的物质和精神利益，反映了当时的政治、经济和社会意识。占主导地位的建筑类型和相应的形制、风格，不但代表了主流文化，也代表了一个时期建筑艺术与技术的最高成就。

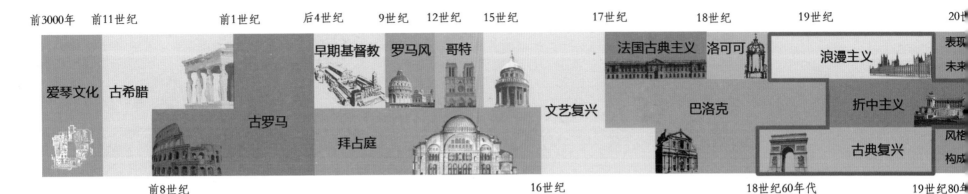

前3000年　前11世纪　　　　　前1世纪　　后4世纪　　9世纪　12世纪　15世纪　　　17世纪　　　18世纪　　　19世纪　　　20世

爱琴文化　古希腊　　　　　古罗马　　早期基督教　罗马风　哥特　　　　　　法国古典主义　洛可可　　　浪漫主义　　表现

文艺复兴　　巴洛克　　折中主义

拜占庭　　　　　　　　　　古典复兴

前8世纪　　　　　　　　　　　　　　　16世纪　　　　　　18世纪60年代　　19世纪80年

欧洲建筑发展时间简图

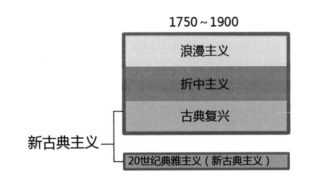

1750～1900

浪漫主义

折中主义

古典复兴

新古典主义

20世纪典雅主义（新古典主义）

古代爱琴文化　公元前3000年~前1400年
古希腊　公元前11世纪~公元前1世纪
古罗马　公元前8世纪~后4世纪
拜占庭　4~16世纪
东罗马帝国即拜占庭帝国，其建筑也称拜占庭建筑。
早期基督教　4~9世纪
同拜占庭建筑同时发展起来的西罗马帝国及其后三百余年的西欧封建混战时期的建筑。建筑类型以基督教堂为主，故称早期基督教建筑。
罗马风　9~12世纪
又称罗曼建筑，其建筑材料大多来自古罗马废墟。因采用古罗马的半圆拱券结构而得名。多见于修道院和教堂，给人

以雄浑庄重的印象。
哥特　12~15世纪（以法国为中心发展）
文艺复兴
最初形成于15世纪意大利的佛罗伦萨，16世纪起传遍意大利并以罗马为中心，同时传入欧洲各国。
巴洛克
17~18世纪在文艺复兴基础上发展起来的一种建筑装饰风格。外形自由，注重装饰、色彩强烈。
法国古典主义
17世纪出现，与意大利巴洛克建筑大致同时而略晚，是法国绝对君权时期的宫廷建筑潮流。

洛可可
18世纪上半叶流行于法国宫廷的室内装饰中，脂粉味很浓。
古典复兴（CLASSICAL REVIVAL）
18世纪60年代到19世纪末在欧美盛行的仿古典的建筑形式。分为希腊复兴和罗马复兴。
浪漫主义（ROMANTICISM）
18世纪下半叶到19世纪上半叶活跃于欧洲文学、建筑、艺术领域中的另一思潮，分为先浪漫主义和哥特复兴。
折中主义（ECLECTICISM）
19世纪上半叶至20世纪初，流行于欧美的一

种建筑风格。任意模仿或组合历史上各种建筑风格和形式，不讲求固定法式，只求比例均衡，注重纯形式美。
19世纪末至20世纪初对新建筑的探求
包括艺术与工艺运动和新艺术运动，并出现了不同流派：青年风格派、道格拉斯学派、维也纳学派、分离派等。在不同国家表现为不同的形式：如在法国表现为对钢筋混凝土的应用，在德国以德意志制造联盟为代表。第一次世界大战后初期又出现了坚持探新的表现主义派、未来主义派、荷兰风格派和构成主义派。

第1篇　新古典主义（1750年~1900年）

目 录

图释新古典主义建筑

目 录

第1篇　新古典主义（1750年~1900年）

1　概述

图1-1　新古典主义掠影1

是古典的，却又不只表现出古典的一面：身
着古典的外衣，却有更为深厚凝练的思想和
内涵。

图1-2　新古典主义掠影2

不全是古典的，却又脱离不了古典。虽已无
古典主义生存的时代背景，设计中却依然坚
持着古典的秩序。

　　"新古典主义"（Neoclassicism），
是相对17世纪的"古典主义"提出来
的，由于18世纪的法国大革命与这场
新古典主义运动有直接的关系，人们也
称之为"革命的古典主义"。它是一场
兴起于18世纪的罗马并迅速在欧美地
区扩展的艺术风潮。

　　早在17世纪50年代，启蒙运动在
以法国为中心的广大欧洲地区蔓延开
来。此外在同一时期，对庞贝古城的发
掘掀起了一股对出土文物模仿的热潮。
当时人们深受希腊古典艺术中的理性和
简朴风格的影响，于是将这种风格表现
在工艺品、版画与绘画中，以及对洛可
可艺术和皇家生活形态的厌倦与不满，
都为新古典主义的产生奠定了思想理论

和社会基础。

　　这个时期是建筑的大发展阶段，
承接了法国的古典主义和洛可可风格。
这股潮流从法国开始，随后席卷了整
个欧洲。在建筑领域中，这一阶段的
"新古典主义"，被称为建筑创作中的
"复古思潮"。随着欧洲资产阶级的兴
起和科技革命的到来，新的建筑材料
与技术手段不断出现和提高，建筑设
计师和艺术家们运用新的手法来阐述
和表达传统的文化，同时也利用传统
的艺术形式进行重新创作。

图1-3　戏剧"悭吝人（L'Avare）"剧照

法国剧作家莫里哀的作品，五幕散文体喜
剧，创作于1668年，新古典主义戏剧的代表
作，讲究逼真纯粹和动态。

图1-4　雕塑"拯救普赛克的厄洛斯
（Eros and psyche）"

意大利雕刻家卡诺瓦的作品，创作于1787～
1793年，取材于希腊神话，精雕细刻，造型唯
美，而且形式感也很强，充满了浪漫的色彩。

　　一般来说，新古典主义可分为三
个部分，即古典复兴、浪漫主义和折
中主义，其流行的代表国家是法国、
英国和美国。新古典主义的出现，一
方面是对巴洛克和洛可可艺术的重新
审视，另一方面也希望重新复苏古希
腊、古罗马时期对艺术的信仰。

　　新古典主义风格，其实就是对古典
主义风格的改良处理，它不仅保留了传
统艺术作品中的材质和色彩的大致基
调，在手法、造型上也多是延续传统的
比例关系，同时在作品的风格和题材上
体现历史文化和古代艺术。

　　新古典主义在艺术上的主要特征表
现为：

　　（1）与历史线索和重大题材紧密

相连，在艺术形式上更强调理性而非感
性的表现；（2）在构图上强调完整性；
（3）在造型上注重很具立体感的更为
丰满的人物。①

　　这个时期的艺术作品不仅仅是对于
古典风格的简单重复，更多的是一种革
命。借对古典艺术风格的崇尚和再创
造，来表达自己的一种革命追求和政治
抱负。

　　新古典主义艺术风格在 18~19世纪
的欧洲甚至整个世界范围内，都产生了较
大影响，而且这种影响涉及绘画、雕刻、
建筑、音乐、文学等各种艺术形式。

① 丁山. 新古典主义对中国现代城市景观
设计的影响[J]. 林业科技开发，2009，05：
125-129

图1-5　油画"马拉之死（Death of Marat）"

布面油画，法国艺术家大卫的作品，创作于1793年，这幅画以重大题材为背景，以理性写实的手法，强调了古典主义庄严、静穆、崇高的特点。

图1-6　建筑"雷德克里夫图书馆（Radcliff Library）"

英国建筑师James Gibbs作品，建于1737～1749年，位于英国牛津，属英国新古典主义建筑风格。建筑立面构成手法与文艺复兴后期的古典主义手法完全相符。

（1）新古典主义绘画：在古希腊罗马艺术的基础之上建立，多注重绘画的社会功能和政治目的，后期的绘画体现了艺术本身的价值。它始终遵循古代艺术的审美要求和特征进行创作，并力图直接从古希腊、古罗马的雕刻上吸取营养。

（2）新古典主义雕刻：新古典主义雕刻艺术尊奉古希腊、古罗马的艺术典范，讲究构图，强调流畅的线条与完美、律动的形式感。

（3）新古典主义建筑：法国作为启蒙运动和欧洲古典主义艺术的中心，以罗马式样的古典复兴为主。而英国、德国等多以希腊式样为主。古典复兴的建筑类型主要涉及资产阶级政权和社会生活服务的国会、法院、剧院等公共建筑和一些纪念性建筑。

（4）新古典主义音乐：伴随着对人性的颂扬及精神解放的要求，以及艺术哲学上情感美学的上升，音乐被认为首先为满足个人内心情感的要求。艺术更趋向于大众，人们有着强烈的人文主义理想。这个思潮铸就了以海顿、莫扎特和贝多芬等大师为代表的"维也纳古典乐派"的长足发展。新古典主义音乐由此上升到了追求自由、平等和个性解放的精神层面。

（5）新古典主义文学：该文学思潮形成于资产阶级和贵族阶级在意识形态领域的斗争和论战。于是，新古典主义文学成为了资产阶级文艺的武器。故作品中多反映贵族腐朽、没落的生活和思想，以及较为现实的底层民众生活。

2　新古典主义风格产生的社会背景

2.1　18世纪启蒙运动的影响

2.2　新兴资产阶级思想和物质的需要

2.3　新古典主义与文艺复兴的比较

图2-1　19世纪英国哥伦比亚省议会大厦（The Parliament Building）（加拿大）

加拿大新古典主义建筑，由英国的法兰西斯·拿顿贝利设计，园内耸立着维多利亚女王的铜像，中央圆顶部分是乔治·温哥华的铜像。这种新古典主义风格在欧洲非常流行，都是仿效古希腊及罗马的建筑风格。

任何一种艺术流派，都是在一定的社会意识和思想背景的支配下兴起、完善和发展的。新古典主义也是在欧洲"人本主义"思想的指导下以及巴洛克与洛可可艺术表现形式的审视和修正中成长起来的。如果只是从名字上看，新古典主义也许会被看成是17世纪法国古典主义的简单更替，但实际上这是一种思想与文化的变革，这种变革的背后是科学技术的发展，同时也蕴含着人类的人文主义关怀。

对新古典主义的产生形成最为深远影响的社会背景，是18世纪以法国为中心的启蒙运动。在启蒙运动时期，人们对教会权威和封建制度采取怀疑或反对的态度，把理性推崇为思想和行动的基础与准则。在启蒙运动的宣传和鼓吹之下，资产阶级革命相继在欧洲各国蓬勃产生。而新古典主义正是产生于这样一个理性与人性思想盛行的年代。它的产生也为这些思想和理念充当了宣传和普及的"号角"。

虽然新古典主义与文艺复兴有较多相似之处，却又并不完全相同。《弗莱彻建筑史》对新古典建筑如此叙述：它"不仅仅是对古希腊及其他古典建筑的复兴，在建筑上，应该把它与对结构的理性原则与回归联系起来"[1]。新古典主义的一个独特之处在于理性的回归。

① 丹·克鲁克香克. 弗莱彻建筑史[M]. 北京：知识产权出版社，2000.

2.1 18世纪启蒙运动的影响

　　启蒙运动起源于法国，是资产阶级批判宗教迷信和所谓封建制度永恒不变等传统观念的运动。它与理性主义等一起构成一个较长的文化运动时期。这个时期的启蒙运动，覆盖了各个知识领域，如自然科学、哲学、伦理学、政治学、经济学、历史学、文学、教育学等。启蒙运动同时为美国独立战争与法国大革命提供了理论框架，并且导致了资本主义和社会主义的兴起，与音乐史上的巴洛克时期以及建筑艺术史上的新古典主义时期是同一时期。

　　启蒙运动被称为一场很彻底的反封建、反教会的资产阶级思想文化运动，它为资产阶级革命做了思想准备和舆论宣传，是继文艺复兴运动之后欧洲近代

孟德斯鸠（Montesquieu）　伏尔泰（Voltaire）　卢梭（Rousseau）　康德（Kant）

图2-2　启蒙运动代表性人物

启蒙运动是发生在17、18世纪欧洲的一场反封建、反教会的资产阶级思想文化运动，是继文艺复兴之后欧洲近代第二次思想解放运动。以孟德斯鸠、伏尔泰、卢梭、康德等为代表的启蒙思想家宣扬天赋人权、三权分立，自由、平等、民主和法制等思想原则得到广泛传播，形成了强大的社会思潮，促进了社会的进步。与艺术史上的新古典主义是同一时期。

第二次思想解放运动。

　　启蒙运动的倡导者将自己视为大无畏的文化先锋，并且认为启蒙运动的目的是引导世界走出充满着传统教义、非理性、盲目信念以及专制的一个时期（这一时期通常被称为黑暗时期）。这个时代的文化批评家、宗教怀疑派、政治改革派皆是启蒙先锋，但他们只是松散、非正式、完全无组织的联合。他们不再以宗教辅助文学与艺术复兴，而是力图以经验和理性的思考使知识系统能独立于宗教的影响，作为建立道德、美学以及思想体系的基础。

　　启蒙运动还陆续传播到世界其他地区，启迪了人们的思想，动摇着封建统治。启蒙思想家们宣扬的天赋人权、三权分立，自由、平等、民主和法制等思想原则得到广泛传播，形成了强大的社会思潮，动摇了封建统治的思想基础，推动了资本主义的发展，促进了社会的进步。

　　启蒙运动促使18世纪的建筑师们意识到其所处时代的崛起和动荡的性质，他们重新反省矫饰的洛可可式室内装饰的建筑语言，并通过对古代文化的探索，重新建立理性的审美观和一种真正的风格，他们的主张是遵循古人作品中曾经遵奉的原则，而不是简单地抄袭过去。

2.2　新兴资产阶级思想和物质的需要

　　17、18世纪，欧洲的封建主义制度受到冲击，资产阶级革命轰轰烈烈展开。尼德兰首先爆发了资产阶级革命，为资本主义制度的确立开辟了道路。欧洲大陆的其他主要封建国家也相继开展了革命，推动了民主与资本主义的发展。与此同时，这些国家也进一步加快了殖民扩张的步伐。这场社会巨变的大潮为资本主义社会提供了一套完备的政治构想，摧毁了封建专制统治，为资产阶级掌权开辟了道路。

图2-3　油画《尼古拉斯·杜尔博士的解剖学课》

在医学领域，启蒙运动挑战了中世纪的古典
医学理论，淡化了医学中的宗教成分，转为
一种科学的态度。该画作反映了启蒙时代医
学领域的进展。

图2-4　1789年法国《人权和公民权宣言》

1789年法国大革命的《人权和公民权宣言》
主张人权存在普世而不需要引用任何权威，
建立在人人平等和言论自由的基础之上。

18 世纪末到19 世纪初的欧洲所处
的特殊时期，决定了这个时期的文学艺
术乃至建筑作品将呈现出一种崭新的模
样。经济史学家们曾把1760~1830年
这段时期视为工业革命时期。而在艺术
史中，这段时期和新古典主义发生的时
间相一致。

在新兴资产阶级的政治需要以及同
时期考古成果的推动下，资产阶级的人
性论，即所谓的"自由"、"平等"、"博
爱"被唤起。这种思想既要求用简洁明
快的处理手段来代替那些繁琐陈旧的东
西，这也为古典复兴思潮奠定了社会思
想基础。

伴随着社会与政治的变革，在音
乐、艺术乃至建筑界，也掀起了一场反
对巴洛克、洛可可的艺术运动，着重表
现在反感其中的享乐主义和放纵的思
想。在这样的大环境下，新古典主义应
运而生。

由于新古典主义倡导的是在重新审
视历史的同时，用一种理性主义的思想
对各类历史作品做一定简化性的处理。
所以这一时期欧洲的艺术，不再是古希
腊、古罗马艺术的再现，而是一场革
命，是一波应资产阶级革命形势需要而
开辟的借古论今的潮流。

2.3 新古典主义与文艺复兴的比较

文艺复兴是指14~17世纪在欧洲盛行的一场思想文化运动以及伴随而来科学与艺术革命，其兴起于13世纪末意大利的佛罗伦萨，后发展至西欧各国。由于欧洲各地因其引发的变化并非完全一致，所以将这一阶段统称为"文艺复兴"。

马克思主义史学家认为文艺复兴是封建主义时代和资本主义时代的分界，而在文艺复兴初期，意大利商业发达的城市里，新兴的资产阶级也借助这场文化运动开始研究古希腊、古罗马艺术文化，通过文艺创作宣传人文精神。

而新古典主义是兴起于罗马，并迅速在欧美地区扩展的艺术运动，主要

历史时期是在18世纪下半叶至20世纪。它一方面起于对巴洛克和洛可可艺术的反抗，另一方面则是希望重振古希腊、古罗马的艺术。

有说法是把"新古典主义"看成第二次"文艺复兴"。相比较而言，14世纪的意大利文艺复兴是中世纪艺术与文化进步的转折点，而19世纪法国的新古典主义则有如同文艺复兴一样的开拓性作用，成为19世纪艺术崭新的起点。

意大利文艺复兴更多的是借用古典精髓拯救衰退的艺术，以反对中世纪对人性和艺术创作的压制，在实际创作中更加关注人性与人文情感。而"新古典主义"则是反对当时矫揉造作的洛可

图2-5　文艺复兴建筑作品：佛罗伦萨主教堂

建于1334~1420年，标志着意大利文艺复兴建筑的开始，穹顶的结构方案远远超越了中世纪的技术水平，体现了新时代的进取精神。

图2-6　新古典主义建筑作品：美国国会大厦

始建于1793年，以白色大理石为主料，仿照巴黎万神庙的形态，极力表现雄伟，强调纪念性，是古典复兴风格建筑的代表作。

风格，同时为了满足新兴资产阶级统治的需要。它们的相同之处都是对古典基本技法的继承。文艺复兴需要的是经典形象，而新古典主义则是对古代崇高精神的追求。

新古典主义时期，在古罗马考古成果与资产阶级政治运动的共同推动下，颓废奢华的艺术受到了冲击。作为一个新的起点，更倾向于从回归中寻求动力，领悟到一种精神上的崇高，从而掀起从内容到形式的全面革新，将艺术的作用延伸至更宽广的领域，唤醒沉睡已久的革命热情。

19世纪的新古典主义，带着巴洛克的光线、选择性写实等元素，为

18世纪"颓废的艺术"画上了清晰的句号。①

————————
① 喻琼. 十九世纪西方美术欣赏 法国古典主义——回归中的前进[J]. 2009：1

3 新古典主义的发展

3.1 新古典主义的演变

3.2 新古典主义建筑在各国的表现

3.3 新古典主义在其他设计领域的发展

图3-1　雅克·路易·大卫油画作品

《荷拉斯兄弟之誓》(The Oath of the Horatii)和《拉瓦节夫妇》(Portrait of Monsieur Lavoisier and His Wife)均为法国新古典主义画家雅克·路易·大卫 (Jacques Louis David)的作品。画作受到古罗马和意大利文艺复兴时期的艺术风潮影响，其精髓是古典英雄主义主题、庄重的色彩和严谨的构图。

马克思曾这样描述新古典主义："人们并不是随意地创造历史，而是在从过去承继下来的条件下创造，当人们好像只是在忙于改造自己和周围事物的时候，却还总会借着先辈们的语言，来演绎世界历史的新场面"①。

新古典主义，作为文化艺术领域一个颇具影响力的思潮，其深远的影响力，是其他艺术思潮都无法堪比的。

新古典主义在时间上，从18世纪中叶延续至20世纪，有些方面的影响甚至辐射至今；在地域上，它起源于英国，却在法国发扬光大，在德国、美国也有较多发展。

新古典主义最终从宏观走向了细微，从建筑艺术走向了平常生活的方方面面。从其造型特征到艺术思想，都已渗透到室内设计、工业设计、城市景观、服装设计等多个领域。

① 中共中央马克思恩格斯列宁斯大林著作编译局. 马克思恩格斯全集第8卷[M]. 北京：人民出版社，1961：121.

3.1　新古典主义的演变

3.1.1　古典复兴

3.1.2　浪漫主义

3.1.3　折中主义

图3-2　英国国会大厦即威斯敏斯特宫（英国伦敦）

威斯敏斯特宫（Palace of Westminster）始建于1836年，是英国国会（包括上议院和下议院）的所在地。建筑坐落在泰晤士河西岸，采用体现传统价值的哥特风格，故意摒弃具有革命和共和主义内涵的古希腊和罗马风格，是新古典主义风格中的哥特复兴式建筑的代表作之一，1987年被列为世界文化遗产。

复古思潮在欧美流行的时间①

	古典复兴	古典复兴	折中主义
法国	1760~1830	1830~1860	1820~1900
英国	1760~1850	1760~1870	1830~1920
美国	1780~1880	1830~1880	1850~1920

---

① 陈志华. 外国建筑史[M]. 北京：中国建筑工业出版社，2004.

图3-3　林肯纪念堂（美国华盛顿）

为纪念美国总统林肯而设立的纪念堂，位于华盛顿特区国家广场西侧，设计师是亨利·培根。整座建筑呈长方形，是一座仿古希腊帕提农神庙式的大理石材质的新古典建筑。

图3-4　杜格尔德·斯图尔特纪念亭
（苏格兰爱丁堡）

威廉·亨利·普莱费尔设计的作品，是纪念苏格兰哲学家杜格尔德·斯图尔特（1753~1828）的建筑。建于1831年，模仿希腊雅典的列雪格拉得的音乐纪念亭进行设计。

建筑创作中的新古典主义，多是指18世纪60年代至19世纪末在欧美盛行的三种建筑风格的总称，即古典复兴、浪漫主义与折中主义。

3.1.1　古典复兴（CLASSICAL REVIVAL）

古典复兴是资本主义初期最先出现在文化上的一种思潮，在建筑史上是指18世纪60年代到19世纪末在欧美盛行的仿古典的建筑形式。这种思潮曾受到当时启蒙运动的影响。分为希腊复兴和罗马复兴。①

---

① 陈志华. 外国建筑史[M]. 北京：中国建筑工业出版社. 2004.

图3-5　克洛蒂尔德大教堂（法国巴黎）

位于法国巴黎，设计师是 F. C. Gau，有突出的两个双塔，形式上与德国科隆大教堂相似，典型的哥特浪漫主义风格。

图3-6　伊曼纽尔二世纪念碑（意大利罗马）

19世纪末20世纪初，为纪念意大利统一而建的，设计师为Giuseppe Sacconi。由柱廊、骑马、铜像、无名英雄墓、喷水池、台基和许多雕像等组成的纪念性建筑综合体。具有典型的折中主义风格。

3.1.2　浪漫主义（ROMANTICISM）

浪漫主义是开始于18世纪西欧的艺术、文学及文化运动，注重以强烈的情感作为美学经验的来源，以艺术和文学反抗对于自然的人为理性化。浪漫主义在建筑创作上主要表现为哥特复兴。始于1740年的英格兰，浪漫主义建筑师试图复兴中世纪的建筑形式，对英国以至欧洲大陆，甚至澳大利亚和美洲都产生了重大影响。

3.1.3　折中主义（ECLECTICISM）

折中主义是指在操作运用上，以不同的理论、方法、风格，拣选其中最佳要素，应用在新的创作中。折中主义建筑是19世纪上半叶至20世纪初，在欧美一些国家流行的一种建筑风格。折中主义建筑师任意模仿历史上各种建筑风格，或自由组合各种建筑形式，他们追求现代和古典的融合，不讲求固定的构法，只讲求比例均衡，注重纯形式美。

3.2　新古典主义建筑在各国的表现

3.2.1　新古典主义在法国的发展

3.2.2　新古典主义在英国的发展

3.2.3　新古典主义在德国的发展

3.2.4　新古典主义在美国的发展

3.2.5　新古典主义在中国的发展

3.2.6　新古典主义在日本的发展

图3-7 油画Picture Gallery with Views of Modern Rome

作者乔瓦尼·保罗·帕尼尼，1754~1757年创作，将古罗马遗迹与雕塑合并在一张图画当中，反映了古罗马遗迹考古对新古典主义产生的重要影响。

图3-8 维尔纽斯大教堂（立陶宛）

建于1387年，后经多次改建，逐渐融合了哥特式和巴洛克风格，几个世纪来一直是天主教徒心目中最重要的教堂之一，立陶宛历史上许多重大事件都与之相关。

古典复兴建筑在各国的发展，虽有共同之处，但也有些不同。大体上法国在建筑形式上多采用罗马式样，而英国、德国则以希腊式样较多。采用古典复兴的建筑类型主要是为资产阶级政权和社会生活服务的国会、法院、银行、交易所、博物馆、剧院等公共建筑，还有一些纪念性建筑。至于一般市民住宅、教堂、学校等建筑类型相对来说影响较小。

后至19世纪末20世纪初，这种复古思潮影响到东方。中国、日本及东南亚等各国在这个时期，都有较多此类型的作品。在东方，第一批新古典主义建筑为西方的殖民主义文化侵略下的产物。西方殖民者在租界内，建造起自己本国风靡的建筑形式，即当时的新古典主义风格。

图3-9 加尼叶歌剧院（法国巴黎）

建于1875年，又称为巴黎歌剧院（Opéra Garnier），设计师是法国建筑师查尔斯·加尼叶（Charles Garnier），新巴洛克风格建筑的典范。

图3-10 圣徒礼拜堂（法国巴黎）

由设计师维欧勒·勒·杜克于19世纪修复设计，采用现代材料——铁，完成了哥特风格的表达。

3.2.1 新古典主义在法国的发展

　　法国在18世纪末到19世纪初是欧洲资产阶级革命的据点，也是古典复兴运动的中心。早在拿破仑帝国时代，巴黎就出现了许多国家级的纪念性建筑，例如星形广场上的凯旋门、马德莱娜教堂等建筑都是罗马帝国时期建筑式样的翻版。在这类建筑中，它们追求外观上的宏伟、壮丽，内部则常常吸取东方的各种装饰或洛可可的手法，因此形成所谓的"帝国式"风格（Empire Style）。大革命（1789年）前后，法国已经出现了像巴黎万神庙那样的古典复兴建筑。此后，罗马复兴的建筑思潮便在法国盛极一时。

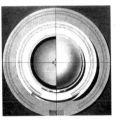

图3-11　牛顿纪念碑设计方案（法国）

由法国建筑设计师艾蒂安·路易·布雷为纪念著名物理学家牛顿而专门设计的虚构纪念碑，借鉴了罗马万神庙的穹窿造型，没有华丽的装饰，外形直接体现用途。

在法国大革命前后，还出现了像苏夫洛（Jacques Germain Soufflot）、艾蒂安·路易·布雷（Boullée）和勒杜那样企图革新建筑的一代人。他们在资产阶级革命的激情影响下，追求理性主义的表现，虽然也采用古典柱式作为构图手段，但却趋向简单的几何形体，使古典建筑具有简化、雄伟的新风格，或力求打破传统的轮廓线。但这类建筑只是表现了资产阶级一时的英雄主义情绪，实现的很少。

苏夫洛，法国建筑师。他为法国建筑学引入了新古典主义，最著名的建筑作品是巴黎万神庙，通常被认为是法国第一座新古典主义建筑。

布隆代尔（Jacques-François Blondel），其理性有序的思想整合了法兰西的古典传统和实践操作，是法国建筑学派最早的奠基者之一，并且被归入法国学院派。他的作品具有实用性，大大避免了洛可可的泛滥。

布雷，发展了"敬畏风格"，把广垠的景象与不加修饰的纯几何体连接起来，给人们以激情和渴求，最有代表性的作品是1783年设计的伟人博物馆方案和1784年设计的牛顿纪念碑方案。

图3-12 马德莱娜教堂的外观与室内（法国巴黎）

位于巴黎第八区，建筑设计有希腊神殿风格，周围是52根高20米的科林斯圆柱，山墙上雕刻了《最后的审判》。教堂唯一的光线来源是来自3个小圆顶的自然采光，让内部精致、镀金的细腻装饰在朦胧中更添美感。

案例1

巴黎马德莱娜教堂（La Madeleino），又名"巴黎军功庙"，是法国首都巴黎第八区的一座教堂，新古典主义风格，原来是为了纪念拿破仑军队的荣耀。教堂位于协和广场北侧皇家路（Rue Royale）的北端尽头，东侧是旺多姆广场，西侧是圣奥古斯丁教堂。

设计的灵感来源于希腊与罗马的神庙，建筑正立面宽43米、高30米、全长107米，体量巨大，主要材料为砖、石、木、铸铁。外立面采用希腊科林斯柱式的围柱形式，基部采用罗马神殿的高基坛形式，内部空间由罗马尺度的拱和穹顶构成，祭台后方是圣母玛利亚的升天雕像，铜门上有十诫浮雕，教堂内采用大理石与镀金雕饰，整体气势华丽，是巴黎最知名的代表性建筑之一。拿破仑死后，该建筑几经易名，现在是马德莱娜教堂。

图3-13 凯旋门的整体与细节（法国巴黎）

凯旋门是古代罗马人为庆祝战争胜利而建造出来的纪念性建筑物，通常为横跨在一条道路上的独立性建筑。法国巴黎凯旋门，又名雄狮凯旋门，于拿破仑时代所建，建筑师为Jean Francois Chalgrin。

🌸 案例2 🌸

巴黎星形广场凯旋门（Arc de Triomphe de L'Etoile）是为了纪念拿破仑1806年的战争胜利而建，虽然以古代罗马的凯旋门为原型，但规模是罗马时代难以比拟的。

建筑高50米，宽45米，进深22米，是世界上最著名的纪念性建筑之一。虽然遵循了古罗马凯旋门的型制，但在立面设计上取消了壁柱，取而代之的是四组巨大雕刻，雕塑以"起义"、"胜利"、"抗战"和"和平"为四大主题，出自当时三位法国古典浪漫主义雕刻大师之手，具有极大的艺术震撼力。

图3-14 巴黎万神庙（法国巴黎）

巴黎万神庙又名先贤祠，建造于1755～1792年，设计师是IacquesGermain Souffiot和JeanRondelet，新古典主义建筑的早期典范，其正面模仿罗马万神庙（Pantheon in Rome）的风格与形制建造。

案例3

巴黎万神庙（Pantheon），本来是献给巴黎的守护神圣什内维埃芙的教堂，后来用作国家重要人物公墓，改名为万神庙。

建筑宽83米，进深110米，整个平面形式为希腊十字。十字交叉点上方的穹顶直径25米，穹顶最高点距离地面115米，形体很简洁，几何性明确，结构轻巧，力求把哥特式建筑结构的轻快同希腊建筑的明净和庄严结合起来，体现了启蒙主义思想。除正面入口以外，大量基本上无装饰的墙面直接暴露，与正面入口的罗马科林斯柱式形成对比，集希腊与罗马风格于一身。室内的巨大科林斯柱及壁柱、圆拱、穹顶、巨大的壁画和雕塑等构成了一个空间集约、气氛高亢向上的空间，传承了罗马万神庙的空间精神。

巴黎万神庙是第一个由建筑师与结构工程师共同设计、合作完成的成果，这个作品的重要之处不仅仅是新材料的使用，真正具有变革意义的是工程技术发展由经验性向科学性的转变。

图3-15 圣心教堂外观与室内（法国巴黎）

圣心教堂，标准名称为圣心圣殿，是法国巴黎的天主教宗座圣殿，供奉着耶稣的圣心。圣心教堂的建造反映了对君主体制的重整和对罗马文化的继承与膜拜。

案例4

巴黎圣心教堂（Basilique du Sacré Coeur）属于拜占庭和罗马风建筑风格混合的例子，位于巴黎市北部第18区的蒙玛特尔山上。

它始建于1876年，于1919年落成，由全法国的忠实信徒捐款兴建。设计师是Abadie。白色的圆顶具有罗马式与拜占庭式相结合的别致风格，大圆顶四周为四座小圆顶，颇具东方情调。

教堂正面是三个拱形大门，圆顶两侧有两尊骑马塑像，一座是国王圣·路易，另一座是法国民族女英雄贞德的雕像。教堂里面有许多浮雕、壁画和马赛克镶嵌画，圣坛的上方是天空壁画，中央是白鸽与光环伴随着的巨大耶稣雕像，圣母在右侧，后面是做祈祷的各色人物。

图3-16　大英博物馆阅览室全景

建于1857年，拥有许多珍藏书籍的阅览室，曾为大英图书馆。阅览室大厅四周全部是书架，十多米高，中间是书桌，围成很多圈，顶部是巨大的穹顶彩绘，具有较强的空间震撼感。

3.2.2　新古典主义在英国的发展

英国考古学家罗伯特·伍德（Robert Wood）首先发现了古希腊与古罗马的建筑是有很大差别的，并从中获得启示，改变了对"古典"的认识，并在古典复兴的道路上更多借鉴了古希腊文化。

建筑师斯图瓦特在1758年就已经运用希腊多立克柱式风格的建筑元素，他于1765年设计的纽盖特监狱，主要借鉴了"新帕拉第奥比例"理论。以约翰索恩和玛斯霍普等为代表的新古典主义建筑师，在英国掀起了希腊复兴的高潮，代表作品有英格兰银行、爱丁堡中学和不列颠博物馆等。

图3-17　大英博物馆外观与室内（英国伦敦）

又称不列颠博物馆，是综合性博物馆，也是世界上规模最大、最著名的博物馆之一，目前博物馆拥有藏品1300多万件，在1759年1月15日起正式对公众开放。一共有10个分馆：古近东馆、硬币和纪念币馆、埃及馆、民族馆、希腊和罗马馆、日本馆、东方馆、史前及欧洲馆、版画和素描馆以及西亚馆。

案例1

大英博物馆（British Museum）是英国新古典主义代表作之一，设计师是Sii'Robert Smirke等人。建筑的正面中央采用古希腊神庙的形式，立面两端向前突出，整个正立面由44根爱奥尼克式柱构成的柱廊形成。虽然正立面有很大的凹凸变化，但正面柱廊的爱奥尼克式柱完全一样，比例尺度等严格参照雅典卫城上伊瑞克提翁神庙的柱式。

在规模上，大英博物馆与柏林皇家美术馆相仿。现存建筑中的直径42米的铸铁结构的穹顶是在1854年以后建造的，目前是欧洲最大的有顶广场。广场的顶部是用2436块三角形的玻璃片组成的，反映了工业革命对建筑结构材料的影响。

图3-18 英格兰银行（英国伦敦）

英格兰银行是伦敦城区最重要的机构和建筑物之一，位于伦敦市的Threadneedle大街。是英国的中央银行，为各国中央银行体制的鼻祖。是全世界最大、最繁忙的金融机构之一。

案例2

英格兰银行（Bank of England）的设计师是Sir John Soane，建造时间是1788~1835年。建筑以其清晰的线条、简洁的风格、明快的细节、近乎完美的对称以及对光线的把握而著称。

其最突出的特征在于其内部的空间构成，室内不依靠常见的外墙窗采光，而是通过顶部穹顶的垂拱采光。穹顶的柱间距相当宽，穹顶内表面的装饰十分简约，似乎提前进入了早期现代主义建筑的时代。一部分建筑空间的原型来自古罗马的神庙，外墙采用罗马科林斯式壁柱。现存建筑的外观为20世纪30年代增建的产物。

图3-19　圆形广场和皇家新月楼（英国巴斯）

从空中俯瞰，圆形广场和皇家新月楼以及毗邻的盖伊（Gay Street）形成整体的结合形态，也成为一组古典帕拉第奥式建筑景观，是英国著名的建筑组群。在1942年德军空袭期间被炸毁，此后又按原有的风格重建。

 案例3

圆形广场和皇家新月楼（The circus and The Royal crescenl）分别是圆形和半月形的3层集合住宅建筑，设计师是John Wood父子，建造时间是1754~1775年。

圆形广场的立面设计采用了爱奥尼克式壁柱，而皇家新月广场只在二层和三层采用了爱奥尼柱式壁柱，一层为基座。象征着太阳的圆形广场造型气派端庄，设计灵感是来自于古罗马竞技场。环状建筑间连通着三个岔路口，其中的布鲁克大街（Brock Street）则笔直延伸到西侧的皇家新月楼。

这组建筑群体所形成的城市景观，对伦敦和爱丁堡等地的城市规划都产生了深远的影响。

图3-20 勃兰登堡门的前广场与青铜战车雕像（德国柏林）

3.2.3 新古典主义在德国的发展

18世纪下半叶，在逐渐强大的资产阶级的影响下，德国兴起了古典复兴的潮流，在柏林、慕尼黑等一些大城市都建造了一批相当宏伟的纪念性建筑。在温克尔曼等人的提倡下，德国的古典主义复兴走向了与法国不同的希腊式复兴。

新一代德国建筑师认为希腊复兴风格可以将完美的艺术表现与严肃的纪念性意图融为一体，同时人们也认同，希腊复兴风格非常适合于公共建筑的设计。

图3-21　勃兰登堡门日景与夜景（德国柏林）

勃兰登堡门位于德国首都柏林的市中心，因通往国王家族的发祥地勃兰登堡而得名。由普鲁士国王腓特烈·威廉二世下令于1789～1793年间建造，以纪念普鲁士在七年战争中取得的胜利。勃兰登堡门的兴衰史见证了德意志民族的兴衰史。从历史意义上说，这座门堪称是"德意志第一门"和"德国凯旋门"。

案例1

勃兰登堡门（Brandenburg Tor）是德国古典复兴的第一个比较成熟的作品，建造时间是1789～1793年，设计原型来自希腊雅典卫城的山门，坐落在柏林中心区菩提树大街的入口处，是柏林的象征。立面设计采用了古罗马多立克柱式，包括两翼在内城门总宽度为62.5米，中央门洞部分为5开间，门顶由当时著名雕塑家戈特弗里德·沙多设计的一套青铜四马战车装饰雕像。

勃兰登堡门正面由6根各15米高、底部直径1.75米的多立克柱式立柱支撑着罗马式平顶，平顶没有采用希腊式的山花，目的是用来安放青铜装饰雕像。门洞为5开间，正中通道略宽，在各通道内侧石壁上镶嵌着描绘大力神海格拉英雄事迹的大理石浮雕画。城门正面的石门楣上装饰着反映"和平征战"的浮雕。

勃兰登堡门的庄严肃穆、巍峨壮丽充分显示了处于鼎盛时期的普鲁士王国国都的威严，是德国的一大旅游景点，被称为柏林的城市标志。

图3-22　柏林宫廷剧院建筑组群与外观（德国柏林）

德国宫廷剧院的南、北两侧各有一座穹顶教堂，三栋建筑把剧院东侧围出一片广场，可以用来露天演出。整个剧院一共设计了1821个座位，舞台是箱型的。

案例2

柏林宫廷剧院（Konigliches schauspielhaus，Berlin），建造于1818~1821年，是近代建筑史上极重要的作品，更是新古典主义的代表作之一。建筑的立面是古希腊神庙风格，但进行了简约化处理。功能上与现代剧院相吻合，结构上部分采用了铁柱，体现了工业革命成果。

柏林宫廷剧院是德国杰出的建筑师辛克尔（Karl Friedrich Schinkel）的作品，代表了德国古典复兴建筑的高峰。建筑平面基本上是长方形，中轴部分向外突出门廊，以强调对称和庄重的效果。中间体量为观众席，两侧分别是音乐厅和其他附属用房。门廊采用希腊神庙的立面形式，由6根爱奥尼柱和巨大的山花组成。中间观众厅主题突出，山花立面细部精致，雕以希腊悲剧里的场景，山花上的雕像则是拿着面具的缪斯形象。剧院主入口前有一座白色大理石雕塑，是德国伟大的戏剧家、诗人席勒的雕像。

图3-23　柏林皇家博物馆（德国柏林）

柏林皇家博物馆是一个在世界上享有盛名的博物馆，位于柏林自由大学校园内，二战时期被毁坏，于1966年重新修建，里面有来自亚欧各国的大量收藏文物。

案例3

　　柏林皇家博物馆（Altes Museum, Berlin），为矩形对称平面，中央陈列厅的结构与罗马万神庙相仿，其两侧为对称的方形庭院，画廊布置在内院的四周，由庭院的侧高窗采光。设计师是德国辛克尔，建造时间是1824~1828年。

　　建筑正立面的主体是由18根古希腊的爱奥尼柱式柱廊，结构墙内退，形成虚空间，入口处采用双柱廊，整体气势十分雄伟。建筑檐口有雕饰文字，比例厚重。建筑的平面功能十分合理，成为之后的美术馆建筑平面布局效仿的典范，内部空间由于内庭院的存在显得十分丰富。

图3-24　美国国会大厦全景（美国华盛顿）

美国国会大厦是美国民主政治的象征，1800年以来就是国会会议的召开地。国会议员聚集在此制定法律，美国总统亦在此宣誓就职、宣讲每年的国情咨文。

3.2.4　新古典主义在美国的发展

美国在独立以前，建筑造型都是采用以英式为主的欧洲式样，这时期的风格被称为"殖民时期风格"（Colonial Style）。

独立战争以后，美国资产阶级在摆脱殖民地制度的同时，也曾力图摆脱"殖民时期风格"。他们采用希腊、罗马的古典建筑去表现民主、自由、光荣和独立，所以古典复兴在美国盛极一时，尤其是以罗马复兴为主。

1793年始建的美国国会大厦就是罗马复兴的例子。它仿照了巴黎万神庙的造型，极力表现了雄伟和纪念性。

希腊复兴的建筑在美国也很流行，特别是在公共建筑中颇受欢迎，例如1798年在费城建造的宾夕法尼亚银行。

图3-25　美国国会大厦建筑局部外观（美国华盛顿）

美国国会大厦又称"国会山庄"，位于美国首都华盛顿特区的国会山，坐落在华盛顿——哥伦比亚特区国家广场（National Mall）东端，是华盛顿市区的中心。

案例

美国国会大厦（United States Capitol），1793年9月18日由华盛顿总统亲自奠基，1800年投入使用，设计者是威廉·索顿博士。1814年第二次美英战争期间被英国人焚烧，部分建筑被毁，战后重建。百年以来，国会大厦又进行了多次翻修与扩建，其中包括参众两院会议室、圆形屋顶和圆形大厅，最终形成了今日的格局。

国会大厦长度为233米，建筑高度为3层，外墙以白色大理石为主料，中央顶楼是3层圆顶，圆顶之上立有一尊6米高的自由女神青铜雕像。圆顶两侧的南北翼楼分别为众议院和参议院办公地。众议院的会议厅就是美国总统宣读年度国情咨文的地方。它仿照巴黎万神庙，极力表现雄伟气质，强调纪念性，是古典复兴风格建筑的代表作。

图3-26　上海外滩的历史建筑群

3.2.5　新古典主义在中国的发展

（1）中国的两次新古典主义思潮

（2）中西方两次新古典主义思潮比较

图3-27　上海金门饭店外观

曾名华侨饭店，位于南京路商业街。20世纪20年代建造，折中主义建筑风格，中央一座高耸的钟楼形成视觉焦点。

图3-28　上海汇丰银行外观

该建筑采用严谨的新古典主义立面结构，外观上可以看出新古典主义的横纵三段式划分。正中为穹顶，穹顶基座为仿希腊神殿的三角形山花，再下为六根贯通的爱奥尼式立柱。

（1）中国的两次新古典主义思潮

第一次新古典主义思潮（19世纪末~20世纪初）

中国第一次新古典主义建筑出现在1840年鸦片战争之后的殖民主义入侵时期，这个阶段由于西方殖民者的入侵，在中国的国土上建造了一批西式的建筑。这些建筑大多出现在沿海通商口岸的租界区内，基本都是由外侨设计，而由中国本土工匠进行施工，所以多采用了中国传统的建造技术。之后，随着西方正统的建筑师的到来，中国出现了一些真正的欧美学院派的复古建筑。这个时期典型的建筑有上海汇丰银行，其设计精美程度完全可以媲美当时一流的欧美复古建筑。

另外，这个时期从国外留学归来的中国第一代建筑师，在国外求学过程中受到了当时西方学院派复古思潮的熏陶。回国后，其设计作品自然具有西方古典的风格，而且设计水平非常高，这些建筑师们也大大推动了中国新古典主义风格的发展。

这个时期的建筑风格在国内的一些城市被称为"殖民风格"，这些殖民风格建筑对当地建筑文化的影响都很大，例如上海、大连、青岛、沈阳、广州等城市。

图3-29 上海徐家汇小红楼（百代小楼）

位于徐家汇公园，曾经是中国唱片厂，前身为英商百代公司。建于1921年，红砖饰面，红瓦坡顶，古典清新。

图3-30 上海左联纪念馆

位于上海多伦多路文化街上，中国左翼作家联盟在此成立，建筑有一个精简后的巴洛克式的山花，比例优美。

图3-33 上海外滩气象信号台

第二次新古典主义思潮（20世纪90年代至今）

中国第二次新古典主义思潮出现在20世纪90年代，甚至延续至今，完全是中国本土的产物。

新中国成立到改革开放之前，中国的建筑发展比较滞后。改革开放后，随着经济增长，人们对物质文化的需求逐渐增加，由于当时建设需求量较大，而且设计的水准较低，出现了较多平凡而没有个性的建筑，所谓的"火柴盒"建筑随处而见。另一方面，人们对建筑形式多样的渴望越来越强，可是大众并不十分了解建筑艺术和现代建筑的发展，在通过对现代材料技术的运用来体现当

图3-31 上海俄罗斯驻沪领事馆

坐落于苏州河口的虹口区黄浦路上，由德国设计师汉斯·埃米尔·里约伯负责总体设计。1916年建造。整体建筑融合了巴洛克式和德国复兴时期的风格和元素。

图3-32 上海永安公司

建于1918年，为永安百货商场，6层高商业建筑，石材外饰面，设计了较多的欧式细节。同时与后建的一栋19层高的大厦有通道相连，形成综合体。

代美学和先进文化等方面更是理解甚少，这个时候更能体现豪华、装饰性强的"欧式建筑"风格逐渐被人们接受甚至推崇。象征着权利与奢华的柱廊、穹顶、拱券等建筑符号被人们认为是政治地位与经济实力的象征。

在这种主观意识下，"欧陆风"正式登陆中国大地，全国上下争先模仿。而由于建设量大、建设周期短、设计和施工环节的不完善以及设计水准不是很高，建筑上这种所谓的"欧式风格"更多只是把诸如线脚、柱式、山花等西洋古典的装饰符号直接复制在立面元素上，而并没有更好地推敲整体比例与协调关系，由此带来了形式组合的随机和细部设计的简化。这些都极大抹杀了原有的古典建筑艺术风格的特性。

图3-34 上海沙逊大厦（左）

建于1929年，采用的是当时美国流行的芝加哥学院派的设计手法。从体型、构图到装饰细部，都已大幅度简化。

图3-35 上海东风饭店

原为英国总会。位于中山东一路3号，建于1912年，设计者是塔兰特、毛利斯。室内设计为日本异端建筑师下田菊太郎。巴洛克式新古典主义作品，内设双柱廊，高吊灯大厅，为上海交际家们的活动舞台。

（2）中西方两次新古典主义思潮的比较

西方新古典主义与中国新古典主义的首次相遇

这两者在时间与内容形式上基本吻合。首先，鸦片战争之后，中国被迫划定出殖民租借区的这个时期也正是西方第一次新古典主义的盛行期。西方的建筑风格通过殖民战争输入到中国本土，造就了一批殖民时期的欧式风格。同时在西方求学的第一代中国建筑师受到深刻熏陶后回国，他们完成的作品中也饱含西方第一次新古典主义的风韵，这些作品的设计质量完全可以媲美当时在欧洲本土的新古典学院派的作品。如果单从文化风格来看，这些殖民时期外来输入的建筑形式显然不合乎当时中国传统的城市文脉，但是这些优秀的新古典主义作品就其单体建筑本身而言极具艺术价值，它们无论在比例还是细部上，都经过精心设计和推敲，并符合传统审美原则，同时也塑造了诸如大连、上海等殖民城市的城市风貌。

图3-36　大连希望大厦

位于大连中山区核心地带的超高层高档写字间，雅马萨奇事务所负责设计，建于1997年，立面设计采用竖向线条和简洁的手法，具有典雅派的古典韵味。

图3-37　大连花旗银行

位于大连中山广场2号，为二层砖木结构的哥特式建筑，建于1908年，建筑面积2000平方米，日本侵占初期为大连民政署，现为花旗银行等所用。

西方新古典主义与中国新古典主义的第二次相遇

这两者在时间上有重合，但是实质内容上有较大的差别。西方的第二次新古典主义是对现代主义思潮的重新审视，它打破了"房屋是居住机器"的功能至上的原则，在现代主义过度推崇"技术美"的潮流下，重新关注古典建筑语汇并进行阐释，创造出了不同于现代主义几何定式下的建筑形式与空间。这其中无论在整体大众的认识层面上还是设计师、建造师的理论与技术水平上都具有较高水准。反观中国的这次复古浪潮创造出的"欧陆风"，更多只是把西洋古典建筑的柱式、山花、拱券、线脚等造型元素直接复制到立面设计中，而这些造型元素的构图比例、组合关系以及更多的文化内涵都没有得到更好的推敲，也不能反映出古典建筑的原则，最后成了"符号组合"。同样是面对现代主义国际风格，数量少、影响力小、地位低的中国建筑师们更多地只是在迎合大众的口味以满足自身的生存需求。

图3-38　上海金城银行

建筑采用严谨的新古典主义三段式的相对朴实的立面，均衡适度、宏伟，结构理性、纯粹的构图正中有仿希腊神殿的三角形山花。

图3-39　大连中山广场鸟瞰图

大连中山广场位于大连市中山区。广场周围建筑大多建于21世纪初，有罗马式、哥特式、文艺复兴风格和折中主义等，欧洲风味很浓。

图3-40　上海威海路上的法兴银行

图3-41　上海国泰电影院

图3-42 大连横滨正金银行大楼外观

图3-43 天津横滨正金银行大楼外观

位于大连市中山广场9号，建于1909年，3层建筑，面积2805平方米，上面有三个别致的绿色穹顶，欧洲新古典主义后期建筑风格，设计师是日本的妻木赖黄与太田毅。

天津横滨正金银行大楼建于1926年，设计师是爱迪克生和道格拉斯。古典主义风格，为二层混合结构楼房，拥有石材墙面，其建筑造型稳重而华丽，外檐建有8根科林斯柱组成的开敞柱廊。

图3-44 上海夕拾钟楼和老电影咖啡馆

图3-45 上海工人文化宫（原东方饭店）

图3-46 上海有利银行大楼

图3-47 上海海关大楼

于1916年建成，设计方为公和洋行，楼顶有塔楼，整体仿效文艺复兴建筑风格。窗框多采用巴洛克艺术的图案，大门有爱奥尼立柱装饰，高大的落地窗，整幢建筑的平面图是以门为中心的轴对称图形，给人以平和的感受。

位于中山东一路13号，建于1927年，设计方为公和洋行，中心轴线，左右对称，层层叠叠的塔楼向上突出，四面安置大钟，以钟声优美蜚声海上。门廊柱为典型希腊多立克柱式。

图3-48 上海新天地一号会馆　图3-49 上海四川中路上的历史建筑

图3-50　上海科学会堂

图3-51　上海跑马会

位于南昌路47号，建于1917年，混凝土木框架结构，法国古典式两层花园楼房，拥有约6000平方米的花园，园内绿树成荫，美观别致，怡静入画。

建于1932年，原为跑马场附属建筑，现为上海美术馆，西北转角处有一座8层高的钟楼，高53米，新古典主义英式风格建筑。

图3-52　上海复兴中路历史建筑

图3-53　上海四川中路原英商大楼

图3-54　旧开智学校（日本长野县）

图3-55　札幌啤酒厂博物馆（日本北海道）

日本最早出现的小学，建于 1876 年，外观以白色为主，窗户用了手工玻璃来镶嵌，有一个八角形的塔楼，是一座和洋合璧的建筑物。

3.2.6　新古典主义在日本的发展

　　日本明治维新之前，建筑基本采用木结构，技术与文化上直接受中国影响。欧洲文化大约从幕府末期开始传入日本，这其中也包括建筑技术与艺术形式，日本建筑出现了砌筑式砖石结构，形式上也开始引入西方古典风格。

图3-56　台湾关山旧火车站

关山旧火车站，是东部干线仅存的日式建筑。它建于1919年，属于日式与洋式折中的建筑，正面中央为曼萨尔式屋顶，下方门厅突出，主体为砖造，左右对称，两侧为木造建筑。

图3-57　日本北海道旧道厅

日本北海道旧政府大楼，俗称"红砖"楼，建于1888年。它采用来自美国的复兴巴洛克式风格，用当地的材料建造，是那个时代的最高、规模最大的建筑之一。

日本建筑和欧洲建筑正式接触，是1868年明治维新以后。当时西欧建筑正处于新古典主义时期，日本吸取了新古典主义的特质。新古典主义建筑风格冲击了当时的日本建筑设计思潮，在日本国内甚至出现了"拟洋风"建筑师，他们根据自己所掌握的建筑工艺，按照欧洲古典主义建筑形式建造了一大批优秀的作品。

随着日本建筑师留学欧美，产生了一批专注于古典主义的学院派建筑师，他们掌握了更好的古典主义设计风格，并付诸实践。在他们的作品中，西方古典主义与东方建筑元素并存，日本传统的居住及生活模式在古典主义的建筑外观下仍然保留。简约、天然而富有韵味；开放、折中又不失日式精髓。我们把这个时期的建筑称之为"和式洋风"建筑。在20世纪二三十年代日本扩张时期，日本建筑师将这一流行的建筑思潮在其殖民地国家进一步发展。

在那个历史时期，"和式洋风"建筑不仅对日本，也对其殖民地国家的建筑风格产生了深远的影响。它的存在同时也见证了那个时代的历史。

3.3 新古典主义在其他设计领域的发展

3.3.1 室内设计及陈设领域的发展

3.3.2 在工业设计领域的发展

3.3.3 在服饰设计领域的发展

图3-58　新古典主义室内设计1

图3-59　新古典主义家具设计

经历了巴洛克和洛可可时期的矫揉造作、哗众取宠和繁琐刻板，随着资产阶级革命的兴起和人文精神的复苏，人们在当时枯燥呆板的生活中，开始关注古典主义更人性化、更关注个体意识的一面。

新古典主义风格以复兴古希腊、古罗马的艺术风格为根本，更为尊重自然、追求真实，以更理性的创作思想为宗旨。这种文化精神非常符合当时社会大众的心理需求与精神状态，并引起共鸣。于是，新古典主义渗透到人文科学的各个领域，成为影响人们生活的一种艺术风潮。

新古典主义装饰风格自18、19世纪至今，为很多人所喜爱。它常被应用在室内设计与陈设、工业设计、服饰设计等多个领域。

时下流行的新古典主义装饰风格，是用最时尚的理念表现最古雅的韵味，是用现代元素及表现手法对传统文化进行重新阐释，在文脉传承的同时，充分考虑现代人的审美和生活需求。

图3-60　新古典主义室内设计2　　　　　图3-61　新古典主义室内设计3

3.3.1　室内设计及陈设领域的发展

（1）室内设计及陈设
（2）家具

（1）室内设计及陈设

新古典主义风格的室内空间还是较为严格地遵循古典主义时期建筑的对称、规整、序列甚至比较呆板的组织关系。由于新古典主义崇尚理性，其建筑室内空间的实用性远好于古典主义时期的建筑，甚至一些公共建筑类型的内部空间形式、秩序、组织原则等都成为现代建筑学习的榜样。新古典主义抛弃了洛可可室内艺术的繁琐和脂粉气，深刻理解并且精炼表述了古典建筑的精髓语言，如室内拱券天花的设计，创造性地采用金属、大面积玻璃等现代工艺手法表达精致典雅、富有装饰味的传统风格。

图3-62　新古典主义室内设计4

依然用洛可可风格中常用的材料、纹样装饰，因不同于传统的组织方式，不同于传统的审美理念，创造出了崭新的模样。

图3-63　新古典主义室内设计5

洁白纯净的色调，除去繁杂线脚的家具，古朴的木材质感与墙面相结合，诠释出一种纯粹的新古典主义之风。这是简化下的古典主义。

　　新古典主义的室内设计保留了曲线线条，去除了线条上过多的繁杂装饰，对细节进行理性取舍，重要位置依然保留了镶花刻金，打破平均，突出重点。新古典主义室内风格还非常注重多元化设计，厚重的古董混搭现代感的皮制家具、典雅的欧比松（aubusson）地毯配以精致的真丝窗帘、路易·菲利浦时期的高大镜子悬挂在简约的浅色墙面上，处处都流露出高雅的底蕴、开放的姿态和尊贵的精细。

　　新古典主义室内色彩热烈雅致、低调奢华。采用暗色调的金银和暗红色表达浓郁、雍容华贵的品质，明亮的浅黄和白色调则传递了柔和、优雅非凡的情调。

　　这种多元化的折中主义和个性化的时代特点，正是新古典主义室内设计的独到之处。

图3-64　新古典主义室内设计6

图3-65　新古典主义室内设计7

在地毯中尚保留新古典主义的图形和纹样，墙面、壁炉和沙发等元素中都省去了繁琐的线脚和装饰。而屋内的整体色调依然使用典雅凝重的棕黄色，使居室中依然保留古典主义的韵味。

室内整体运用现代感的白色为主调，但在床头的线条和台灯的设计中，可隐约看出古典主义尚存的影子。此为将古典主义演绎为极简风格的作品。

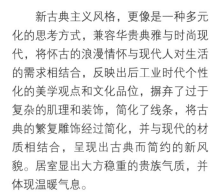

　　新古典主义风格，更像是一种多元化的思考方式，兼容华贵典雅与时尚现代，将怀古的浪漫情怀与现代人对生活的需求相结合，反映出后工业时代个性化的美学观点和文化品位，摒弃了过于复杂的肌理和装饰，简化了线条，将古典的繁复雕饰经过简化，并与现代的材质相结合，呈现出古典而简约的新风貌。居室显出大方稳重的贵族气质，并体现温暖气息。

　　居室装修的色彩中，白色、黄色、金色、暗红是欧式风格中常见的主色调，而红色、金色、咖啡色往往是中式装修的首选色。将这些主色调中揉入少

量亮色，颜色看进来不那么厚重，整个空间都略显跳跃。

　　细微处往往透出传统文化的历史痕迹，细节上的处理更进一步完美整个家居装饰。一个简单的镶花刻金都是整体设计的点睛之作。新古典主义装修无论是家居还是配饰都体现出优雅、唯美的韵味以及主人独特的品位。在装修中罗马柱、壁炉、盘扣、牌匾等都是新古典主义风格的点睛之笔。比如灯饰的设计，可以选择具有西方风情的造型，如蜡烛台式吊灯、盾牌式壁灯、戴帽式台灯等。在材料上选择比较考究的焊锡、铜、铁艺、水晶，或者挂上一两幅油

图3-66　新古典主义室内设计8

白色的壁纸和浅色的木质做墙面，使整个室内显得洁净而纯粹。家具中面与面的交界处的线脚，有几分复古的精致意味。

图3-67　新古典主义室内设计9

家具陈设都很简约，古典的元素和图形只出现在室内几处点睛之笔的装饰之上，如烛台、靠垫、茶几等。

画，以营造浓郁的艺术氛围，表现主人的文化涵养。①

随着新古典主义的发展，现代家具与陈设的形式设计中也把新古典风格图形融入其中。这些图形大多运用简洁的色彩构成原理，通过对古典的复杂图形纹理的重新归纳与组合，使得图形的色彩、结构更简洁，更符合现代流行趋势，这就是"新古典风格图形"之说。这类图形并非只是单一的模仿，而在于吸收古典精髓后的再创造。图形的

构成打破以往的构图形式，充分利用空间和物体的面与面、物与物的关系，制造单色与图形的对比，如墙面之间的对比，家具与地毯的对比等，相比起平面图形的创新而言，家具装饰的材质诸如石材、木材、金属、玻璃、陶瓷、布艺等，工艺制作所受限制较小，更能丰富地表达出与众不同的效果，新古典图形在家具装饰中加强了室内的文化气息和艺术氛围，图案整体较为大气。

① 施汴彬. 家居装饰的新古典主义风格设计 [J]. 科技创新导报，2009，25：225-227.

图3-68　新古典主义室内陈设1

黯然的灯光使整个室内笼罩在典雅的色调中。顶棚刻意保留木质的框架，地面留出砖石的纹理和质感，使居室中充盈着一种朴素的自然之美。

图3-69　新古典主义室内陈设2

整体色彩通过边柜上红色摆件、红色茶几和红色靠垫，形成视觉的跳跃。同时家具上已不再有洛可可般的反复雕刻，而是通过一些精美的装饰瓶，如水晶吊灯、雕花镜子等营造一种古典气息。

（2）家具

新古典主义时期的家具主要是对洛可可的豪华与繁琐进行了修正，没有过多复杂的曲线，而多用简单的直线来仿效古希腊和古罗马的家具式样，在造型上注重对结构形式的表达，强调表现结构力度，很多设计细节出现在横向与竖向的支撑构件上，多用玫瑰花饰、弓、权杖等作为装饰纹样，进行简化的处理，节约成本，降低造价，讲究实用性。

英国新古典主义家具较法国更具有明显的新古典主义因素，过渡时期主要以亚当兄弟、赫巴怀特、谢拉顿为代表。亚当兄弟在整体上追求直线的明晰

图3-70 新古典主义室内陈设3

图3-71 新古典主义室内陈设4

浅色的墙面，浅色暗纹的家具，使整个居室沉浸在宁谧素净之中。空间之中放置一个黑色的钢琴，成为了屋内最为跳跃的元素。整体色调协调一致，却又不失亮点。

用褐色暗纹的织毯、浅色的壁纸作为居室的底色。木质框架的家具与丝绸的软质靠垫，给人以温馨舒适之感。玻璃吊灯暗淡昏黄的光，使室内所有陈设带有几分古旧之色。

和刚劲，装饰题材以单调垂花、椭圆玫瑰花饰和垂直棕榈树叶饰为主，雕刻效果精美绝伦。赫巴怀特把实用与美观结合起来，他善于运用曲线但不失古典主义的趣味，他的作品造型雅致，比例协调，装饰明快。谢拉顿的设计以实用、小巧、简洁、优雅见长。装饰手法有贴片、贴金、彩绘、刻槽和平雕，装饰题材有常见的花卉、贝壳、竖琴和其他具有古典特色的图案。

德国新古典主义家具受法国和英国的影响，更具有新古典主义特征。代表人物有列托根，他被认为是在德国

家具史中最初具有新古典主义倾向的设计师。他采用精美典雅的镶嵌图案和镀金的淡色贴木装饰，充满了新古典主义气息。

新古典主义家具效仿古希腊罗马时期家具风格，摒弃洛可可时期的繁琐装饰，把家具的设计流行趋势由注重装饰转变为注重实用。

图3-72　新古典风格凳子

图3-73　新古典风格沙发

3.3.2　在工业设计领域的发展

新古典主义风格也体现在当时的产品设计上，其特点是放弃了洛可可过分矫饰的曲线和华丽的装饰，追求合理的结构和简洁的形式，构件和细部装饰设计上都对古典艺术进行新的挖掘和揭示。

陶瓷工艺的主要代表作品集中在法国、德国和英国，典型的有法国赛福尔窑的带盖瓷壶、德国"库尔兰"、"庭院花卉"陶纹、英国的"黑瓷"和"碧玉炻器"等。主要设计题材都是来自古希腊、罗马神话故事和一些帝王、骑士等英雄人物，这些陶瓷工艺在洛可可的艺术基础上显示出了新的装饰特点。

在金属工艺上，造型风格和装饰特征都受到了罗马银器的影响，有很浓的古典主义雕刻风范。运用范围十分广泛，包括餐饮具、祭器、陈设品等。

在玻璃工艺上，主要代表作品集中在意大利、法国、德国、捷克、奥地利和英国。装饰上继承和发扬了威尼斯的刻花技法和德国的彩绘手法与热熔镶嵌技术等，造型大方、装饰典雅、制作精良，多以田园风光和宫廷生活为雕饰题材。多运用在酒器、灯具、瓶罐、镜子、窗户等上。

在染织工艺上，主要在色彩与纹理

图3-74　新古典风格桌子

图3-75　新古典风格灯饰

上增加了技术手段，首先增加了蓝、绿、灰等较为冷静肃穆的色彩，纹理上也出现了"满天星纹"艺术形式，做工精湛、细腻，保持了原有的宫廷特色。

碧玉炻器：以绝对均匀无光泽的底子将模塑白色装饰浮雕衬托出来。

黑瓷：一种质地紧密、极为坚固的黑色炻器。

图3-76 新古典主义服饰1

图3-77 新古典主义服饰2

3.3.3 在服饰设计领域的发展

西方服饰史上，把18世纪末到19世纪初的称为"新古典主义"时期，其中以法国大革命后的一段时期与拿破仑一世期间这两个阶段表现尤为突出。

首先，法国大革命废除了过去的衣服强制法，反对路易宫廷豪奢的贵族特权，以健康、自然的古希腊服装为典范，体现了古朴的志趣和风格。

在19世纪拿破仑一世时期的帝政风格服装，更是新古典主义的典型映射。这个时期欧洲女服的样式和整体风格开始了较大的转变：裙撑变得越来越小直到完全消失，服装趋向于自然、柔

图3-78　电影"傲慢与偏见"里的新古典主义服饰

影片以人物为中心展开色彩设计，演员服饰的色彩是最能动、最活跃的因素。服装色彩的表现以及服装色彩与场景色彩、道具色彩等的配合，能够体现人物的个性、身份、地位以及表达人物的情感，向观众传达语言与思想，唤起人们心底的情境认同。

美，繁琐装饰也随之消失。洛可可风格就此宣告衰落。在18世纪90年代的最后几年里，女服中古典主义倾向更加显著，完全露出自然的身体曲线，具有典型的古典雕塑形态，高腰设计，袒领、短袖的线性有明显的转折，色彩素雅，装饰构件较少，衣料轻薄柔软、质地温和，裙摆以单层为主，后来也出现了不同衣料和颜色的双层样式，都具有丰富的下垂褶皱，中、后开叉，露出内裙。

在同样的男装设计上，抛弃了过去那种装饰过剩、沉重庞大的假发和装饰性的佩剑，向着朴素风格发展。

这些艺术形象的创造都受到了新古典主义艺术思潮的影响，来源于古希腊的理想美，同时注重古典艺术形式的完整与雕刻般的造型，追求典雅、庄重、和谐的风格样式。

4 新古典主义建筑典型风格特征

4.1 新古典主义建筑设计原则

4.2 新古典主义建筑设计美学特征

4.3 新古典主义建筑的细部处理

图4-1 希腊帕提农神庙立面（Parthenon Temple）

严格的古典比例，采用多立克柱式，粗壮浑厚，无柱础，有三陇板、优美细部的山花及檐口。

图4-2 新古典主义住宅立面

比例构图取自古典主义，但与住宅的层高相结合，柱子比例纤长，通透。山花结合住宅采光需要，中央开圆形高窗。与古典主义相比，神似但简单。

新古典主义是现代社会背景下的古典复兴，是对古代经典比例和细节的模仿与采用，但是在形式上并不完全遵守古典主义规则，而是追求古典主义精神和建筑的完美，以更灵活的方式来表达对美的感知，集各种建筑之美于一体，这是新古典主义的根本。

4.1 新古典主义建筑设计原则

4.1.1 典型设计原则之一

4.1.2 典型设计原则之二

4.1.3 典型设计原则之三

4.1.4 典型设计原则之四

4.1.5 典型设计原则之五

图4-3　新古典主义风格住宅

新古典主义建筑正面一般采用三角形山花的形式，类似于古典主义时期的神庙。与底层的重块石相呼应，使建筑整体比例均衡。

4.1.1　典型设计原则之一

　　新古典主义建筑在基本格式上还是继承了古典主义，追求规整的构图、完美的比例和经典传统的建筑符号。形体上通常采用横三段的构图形式，底部基台采用花岗岩石块或水泥勾缝仿砖砌做法，稳重而宏伟；中段设计常采用古希腊和古罗马的五种柱式；檐口线脚模仿古典主义时期风格，在正面檐口或门柱上往往以三角形山花进行装饰，突出表达了对古希腊神庙形式的传承。

巴黎万神庙，大量基本无装饰的墙面直接暴露，与正面入口的罗马科林斯柱式形成对比，集希腊与罗马风格于一身。

图4-4 新古典主义的窗

图4-5 新古典主义的线条和色彩

新古典主义风格的住宅中，窗的形式极其丰富，使立面富于变化。考虑采光的需要，多采用落地窗，使室内通透明亮。

4.1.2 典型设计原则之二

新古典主义建筑在立面设计上丰富而不繁琐，多利用外飘窗、角窗、落地窗、圆形窗和各种形式不同的阳台来细化建筑立面效果。在细部设计上并没有完全摘抄古典的工艺做法，而是利用新的技术创造崭新的形式，有时候在保留原有比例下进行简化处理。

4.1.3 典型设计原则之三

新古典主义建筑在线条的设计上具有极强的感染力，严格讲究比例关系。多利用直线，在局部造型上也会适当运用曲线，但绝非巴洛克式的曲线，存在严谨的秩序与理性。在色彩方面，经常将温润与明快的感觉相融合，以石材的灰色调为主，较多运用暖黄、暖灰加配白色、金色等，整体色彩简洁浑厚而且自然淳朴，呈现出经典的组合与搭配；室内色彩则以明亮的白色、黄色、金色和暗红色作为主要色调。

图4-6　新古典主义的线条（直）

图4-7　新古典主义的线条（曲）

4.1.4　典型设计原则之四

新古典主义建筑在形式上也有一定的装饰性设计，在保留古典材质色彩的同时摒弃了复杂的肌理装饰，让人感受到浓郁的传统文化底蕴。

将古典的繁复装饰用现代的材质与手法进行重新雕琢，形成崭新的风格。将古典元素抽象化是新古典主义建筑中常用的手段，这些符号既作为装饰，又起到隐喻的作用，其中包括古典的柱式、拱券、山花和线脚。

4.1.5　典型设计原则之五

新古典主义建筑在外墙材料设计上，经常用到对比的手法，一方面是高雅精致的细部，这些细部多出现在建筑形体转折的位置，以雕饰等方式存在；另一方面又有浑朴粗犷的形体，多以三段式的形式进行表达。两种鲜明的风格既相互对比，又相互统一。

4.2 新古典主义建筑设计美学特征

4.2.1 新古典主义的设计美学原则

4.2.2 经典阐释：星型广场凯旋门的设计美学

图4-8 帕特尼桥（英格兰巴斯）

帕特尼桥（Pultney Bridge），建于1774年，由著名设计师罗伯特·亚当设计，新古典主义哥特复兴风格。

图4-9 老圣巴特里爵主教座堂（美国纽约）

老圣巴特里爵主教座堂（The Basilica of Saint Patrick's Old Cathedral），建于1815年，新古典哥特复兴风格。

4.2.1 新古典主义的设计美学原则

新古典主义的美学价值在于它的个性化、形式感和人性化。相对于现代主义建筑而言，新古典主义是把建筑艺术化，将建筑创造成为一种人性化的审美空间。相对于古典主义建筑而言，新古典主义则更关注理性与人文之美。

新古典主义建筑构图规整，追求雄伟、严谨。一般以粗大的石材砌筑底层基础，以古典柱式和各种组合形式为建筑主体，加以细部装饰。

新古典主义的设计美学原则表现在如下三方面：

（1）继承了古典主义遵循中心、对称、轴线、等级、秩序、主从等设计原则，强调均衡、比例、节奏、尺度等构图逻辑与审美趣味。沿袭了古典主义的三段式，无论单体建筑，还是群体建筑，对称和均衡几乎成为主导构图的决定性因素。

（2）继承了古典主义的厚重感，适度简化了古典主义的装饰性特征，线条更加刚劲简洁。

（3）融合新材料、新工艺，表现新的时代特征和地域特征。

图4-10 巴黎星形广场凯旋门

图4-11 星形广场凯旋门细部

星形广场凯旋门建筑构图规整，比例严谨，气势恢宏，细部突出。

4.2.2 经典阐释：星型广场凯旋门的设计美学

星形广场凯旋门的结构美：

星形广场凯旋门全部由石材建成，高49.54米，宽44.82米，厚22.21米，中心拱门宽14.6米。由三个拱形组成，形成了四通八达的四扇门。整体结构和材料体现了其作为一座纪念性建筑的厚重感。

星形广场凯旋门的装饰艺术美：

凯旋门复古的全石质建筑体上布满了精美的雕刻。其中最负盛名的是面向香舍丽榭田园大街、由著名雕刻家吕德创作的雕塑《马塞曲》（La Marseillaise）。

星形广场凯旋门的比例美：

凯旋门各部分线段的比例就是遵循0.618的黄金比例，才使得整体看起来比例均衡、庄重典雅。

图4-12　星形广场凯旋门正立面黄金律分析图

星形广场凯旋门的整体外形轮廓为正方形，立面上的若干控制点分别与同心圆或正方形相结合。各主要控制点连线所构成的三角形均为大小相等的正三角形。

图4-13　星形广场凯旋门上"马赛曲"雕饰

马赛曲/La Marseillaise，法国国歌，又译马赛进行曲，词曲作者皆是克洛德·约瑟夫·鲁日·德·李尔。

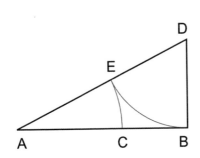

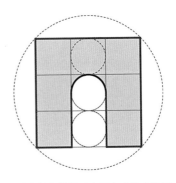

星形广场凯旋门正立面九宫格分析图

把一条线段分割为两部分，使其中一部分与全长之比等于另一部分与这部分之比。其比值是一个无理数，取其前三位数字的近似值是0.618。由于按此比例设计的造型十分美丽，因此这个比例称为黄金分割。采用这一比值能够引起人们的美感，在实际生活中的应用也非常广泛。

4.3　新古典主义建筑的细部处理

4.3.1　新古典主义建筑的檐口及线脚

4.3.2　新古典主义建筑的山花

4.3.3　新古典主义的柱式

图4-14　新古典主义建筑线脚处理

图4-15　美国国会大厦内部线脚处理

　　建筑由细部组成。如果说建筑是凝固的音乐，那么细部就是这部乐曲中跳动的音符。建筑细部设计是建筑文化的形象思维和艺术表达，也是建筑艺术风格的体现。

　　新古典主义建筑的设计美学原则，比例均衡，尺度控制得当，主次分明，重点突出，也有许多精彩的建筑细部处理。

　　新古典主义建筑的细部处理主要体现在建筑的线脚、山花、檐口和柱式等方面。

图4-16　帕提农神庙檐口线脚（希腊）

图4-17　新古典主义建筑檐口线脚

雅典卫城的帕提农神庙是古典主义建筑的顶峰之作，不但在形制上被后来的古典主义、新古典主义建筑所继承，细节上也被模仿。

4.3.1　新古典主义建筑的檐口及线脚

新古典主义建筑中的檐口与线脚是从古典主义中提炼出的经典元素，在形式设计上比较丰富，按照古典的比例，但不完全按照原有的秩序排列，线条清晰、硬朗，层次分明，没有巴洛克式的繁琐与夸张。

线脚是建筑中檐口、柱础或天花截断面边缘线的造型线式。它所呈现的形状是在方与圆之间产生的种种形变。一般由于建筑各部位实际需要的形状和轮廓线形的变化，有时在形体上并不能完全取得统一的效果。运用"线脚"就可以进一步使各种造型要素融洽协调，加强形体线型的表现力。

从而丰富了形体空间的层次感，使造型更加充实完满，艺术更加生动鲜明。

图4-18 新古典主义柱础线脚

图4-19 新古典主义天花线脚

更为简洁的新古典主义细部处理，形式上继承了古典主义精神且富有时代感。

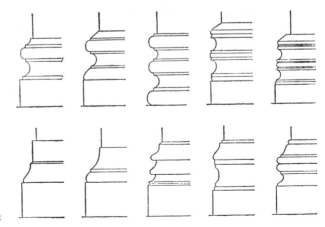

各种柱础线脚的图示

图4-20　线脚

新古典主义住宅室内壁炉的线脚，简洁而古典。

图4-21　围墙的线脚

新古典主义线脚的另一个重要的应用是围墙。线脚也可以与主体颜色区别开来，以突出线条感，更好地勾勒出围墙的轮廓。

图4-22　巴黎军功庙檐部

巴黎军功庙的檐部设计中，檐壁不再划分为三陇板和间板，取而代之的是组成建筑名称的字母，体现了新古典主义的简洁性和功能性。

图4-23　巴黎凯旋门檐部线脚

巴黎凯旋门的檐壁由一整幅的浮雕构成，雕刻着凯旋时向神灵献祭的行列。

图4-24　柏林勃兰登堡门檐部

柏林勃兰登堡门的檐部处理延续了古典主义柱式的形式，檐壁由三陇板和间板组成。

图4-25　巴洛克檐部线脚

这是带有巴洛克风格的新古典主义檐部线脚，保留了部分巴洛克的繁琐的装饰，又有新古典线脚的简洁有力。

洛可可风格的装饰图案

古典主义建筑的檐壁是由三陇板和间板相间组成。三陇板是多立克式古希腊建筑在梁以上的部分，有两条垂直的凹槽，三陇板宽度是柱宽的一半。

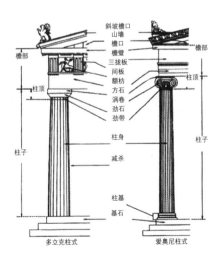

古希腊两种典型柱式

图4-26　巴黎万神庙的山花

巴黎万神庙的山花上由整幅浮雕装饰，保留了古典主义的特征。

图4-27　美国国会大厦的山花

新古典主义建筑的山花依据建筑的性质、功能的不同而作不同的改变。因此美国国会大厦山花上的浮雕相对于神庙和教堂简洁了许多。

4.3.2　新古典主义建筑的山花

山花，在古典建筑中指檐部上面的三角形山墙，是立面构图的重点部位。

新古典主义山花在公共建筑与住宅建筑上表现有所不同。

图4-28　山花上的浮雕设计1

对比古希腊神庙的山花，新古典主义公共建筑的山花较为厚重，尤其是教堂建筑，配合高台阶、粗柱廊，具有壮观的形式感。而在山花的雕刻题材上，多以圣经、神话故事为题。这些优秀浮雕山花给新古典建筑在艺术观赏上增添了浓重的一笔。

图4-29 巴黎军功庙的山花

图4-30 英格兰银行的山花

新古典主义住宅建筑的山花简洁而功能性强。这是由于住宅对功能的要求比较高，满足使用的同时兼顾美观的需要，因此新古典主义住宅的山花部位也会考虑采光与通风需要。这就使得住宅山花的浮雕或者线条设计与窗的细部在形式上相互结合，产生新的艺术形态。

图4-31 山花上的浮雕设计2

图4-32　柏林勃兰登堡门

采用罗马多立克柱式

图4-33　巴黎万神庙

采用罗马科林斯柱式

4.3.3　新古典主义的柱式

古希腊和古罗马共产生了4种柱式，分别是多立克、爱奥尼、科林斯、塔斯干。新古典主义遵从古典法则进行建筑艺术创作。

多立克柱式柱身比例粗壮，由下而上逐渐缩小，柱子高度为底径的4~6倍。柱身刻有凹圆槽，槽背呈棱角，柱头比较简单，无花纹，没有柱基而直接立在台基上。檐部高度的比例为1：4，柱间距约为柱径的1.2至1.5倍。

爱奥尼柱式的柱身比例修长，上下比例变化不显著，柱子高度为底径的9至10倍，柱身刻有凹圆槽，槽背呈带状，有多层的柱基，檐部高度与柱高的比例为1：5，柱间距为柱径的2倍。柱高的比例为1：5，柱间距为柱径的2倍。

科林斯柱式除了柱头如盛满卷草花篮的纹饰外，其他各部分与爱奥尼柱式相同。

塔斯干柱式的风格简约朴素，类似多立克柱式，但是同多立克相比省去了柱子表面的凹槽。柱身长度与直径的比例大约是7：1，显得粗壮有力。

图4-34 柏林宫廷剧院

采用罗马爱奥尼柱式

图4-35 美国国会大厦

采用简化的巴洛克风格的双柱

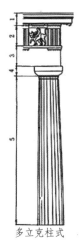

多立克柱式

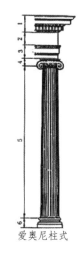

爱奥尼柱式

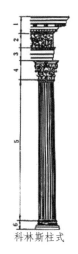

科林斯柱式

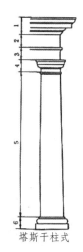

塔斯干柱式

5　新古典主义的艺术地位与影响

图5-1　普拉多博物馆（西班牙马德里）

普拉多博物馆（Museo Nacional del Prado），是西班牙最大的艺术博物馆，建于18世纪，设计师是胡安·德·比亚努艾瓦，是西班牙新古典主义的典型代表。

图5-2　海军部大楼（俄罗斯圣彼得堡）

设计师是扎哈罗夫（Zakharov），建于1823年。大厦长约400米，镀金的尖塔顶部是金色船形风向标，成为这座城市的标志，为俄罗斯新古典主义代表作。

新古典主义，在大半个世纪里，推动了建筑的发展，它有效抑制了巴洛克的夸张风格。从其波及范围来看，以当时的法国为中心，影响到欧洲、俄国和北美。虽然形式稍有不同，但几乎形成了一种"国际式"的浪潮。在时间上，此后蓬勃发展的现代建筑甚至当代的新理性主义建筑，都可以看作是其理念的发展和延续。

在新古典主义的影响之下，古典主义的语言和构图手法更为丰富并延续至今，它使得古典主义文化得以在今天发扬光大，同时也使得人类的历史遗产更加具有借鉴性。

古典主义复兴的历程是一个觉醒、回归、重生的历程，古典传统蕴含了丰富的思想意识，不仅体现在无尽的主题和形式上，其深厚的文化内涵也激发了后人无尽的想象力和创造力。

新古典主义的众多艺术作品就是在这样的创造潮流中产生的。新思想、新技术和新行为催生了新的创作语言，它拓展和改变了以前的风格模式语言和设计原则，并以此来表述新的设计意图，赋予事物新的涵义。

图5-3 雕塑 "忒修斯杀死米诺陶"

"忒修斯杀死米诺陶（Canova – Theseus & Minotaur）"，是意大利雕塑家安东尼·卡诺瓦（Antonio Canova）（1757～1822）的作品，善于运用简约和自然的表现手法。

图5-4 雕塑 "忒修斯打败半人马"

"忒修斯打败半人马（Theseus defeats the Centaur）"也是卡诺瓦的作品，现藏于维也纳艺术史博物馆。安东尼·卡诺瓦是19世纪最著名的雕塑家之一。

新古典主义文艺和创作，在当时封建君主专制的历史背景下，反映了资产阶级和贵族阶级此消彼长和相互妥协的文化思想。在当时欧洲的历史背景下，新古典主义崇尚理性主义，宣扬"忠君爱国"的思想，提倡古典文艺，对于唤醒人民的民族意识和提高爱国主义热情以及推动欧洲资产阶级艺术文化的发展，都起到了重要的历史进步作用。所以新古典主义思想具有两面性、局限性和革命的不彻底性，表现在其设计作品中以宣扬君主功德和民族主义为多见。

新古典主义对艺术创作的影响之一：崇尚理性主义，突出文艺和建筑作品的纪念性。新兴资产阶级是新古典主义的提倡和推动者。在君主制国家的君权统治下，为了自身发展，资产阶级与封建贵族阶级之间存在一定的妥协与合作。随着西欧国家民族主义的日益高涨，国家利益至上成为时代精神的主流。于是，支持和拥护王权、维护国家统一和社会安定就成为资产阶级的重要任务。新古典主义认为艺术必须从理性出发，排斥艺术家的主观思想感情，倡导公民为国家尽责。因此，这一时期的文艺和建筑作品也体现了这种特色：注重古典艺术形式的完整，遵从既有形制的约束，追求典雅、庄重、和谐，减弱纯装饰的处理手法。如巴黎凯旋门、柏林宫廷剧院、美国国会大厦等建筑作品都借用希腊、罗马的古典建筑型制来表达光荣、独立、民主和自由。

图5-5 油画"抢掠萨宾妇女"
（The Rape of the Sabine Women）"

雅克·路易·达维特作品，源于古罗马传说题材。画面上所有的人都以裸体和半裸体出现，显示了古典主义绘画的特点。

图5-6 油画"荷拉斯兄弟之誓（Oath of Horatii）"

雅克·路易·达维特于1784年的作品。新古典主义艺术的代表作。画面构图考究，突出三位兄弟及故事的瞬间性。焦点鲜明，物象清晰，无朦胧感，与洛可可艺术有明显区别。

新古典主义对艺术创作的影响之二：新古典主义又被称为革命的古典主义，作为新兴资产阶级倡导和利用的斗争工具，其作品多以古希腊、古罗马传说为题材，借用古代英雄主义故事和形象，比喻现实斗争中的重大事件和英雄人物，反映了新的社会秩序与旧的封建意识之间的尖锐矛盾与斗争。

17世纪的欧洲，在新古典主义者的倡导下，古典作品作为典范被模仿，成了艺术创作上风靡一时的潮流。那个时期的艺术作品，无论是绘画、音乐，还是建筑雕刻，人们不但模仿古希腊古罗马传说中的作家和作品，同时也将它们视作创作中的主要源泉。

新古典主义的酝酿与发展的过程，伴随着资产阶级与封建势力的不断斗争。新古典主义艺术创作作为艺术家表达社会责任感的手段，始终以"借古鉴今"的方式活跃在那一时期的艺术舞台上，具有明显的现实主义倾向。

新古典主义对艺术创作的影响之三：再现古典时期辉煌的艺术法则，重构人类精神结构中经典的图示语言。

新古典主义艺术不仅从古希腊、古罗马的遗迹中寻找创作灵感，同时也总结归纳了古典艺术家的作品，强调遵循特定的艺术规则。

图5-7　罗马万神庙（Pantheon）

古罗马建筑的代表作。万神庙采用了穹顶覆盖的集中式形制，是单一空间、集中式构图的建筑物的代表，它也是罗马穹顶技术的最高代表。

图5-8　巴黎万神庙（Pantheon）

新古典建筑的代表作。汇集了古希腊与古罗马风格。巨大的科林斯柱、圆拱和穹顶构成了一个相当集约、气氛高亢向上的空间，传承了罗马万神庙的空间精神。

新古典主义艺术并不是一种新的艺术形式，它只是古典交替、花样翻新而已。同古典主义一样，它着重表现的是一种历史传承，一种文化纵深感，从中可以看到一种文化意蕴。新古典主义以其既为人熟知又充满理性创新的形式来表达文化内涵，在人类的思想世界中重构了经典图示语言。

美国建筑师罗伯特·斯特恩说："作为一个现代人，我相信古典建筑语言仍然具有持久的生命力。我相信古典主义可以很好地协调地方特色与从不同人群中获得的雄伟、高贵和持久的价值之间的关系。古典主义语法、句法和词汇的永久的生命力揭示的正是这种作为有序的、易解的和共享的空间的建筑的最基本意义"①。

新古典主义的艺术法则，同时也表现在对创作的形式与内容有着严格的规定。建筑多模仿古希腊和古罗马的神庙、凯旋门等彰显荣光的纪念性建筑；在装饰和雕刻中，多数采用所谓的"高雅"题材，来表现古代的英雄人物。其严谨的艺术法则，对设计美学的理论化发展起到了一定的进步作用，对艺术思想领域有着长远而深刻的影响。

① 郑时龄. 建筑批评学[M]. 北京：中国建筑工业出版社，2001.

图5-9　君士坦丁凯旋门（Arco di Costantino）

君士坦丁凯旋门是为了纪念君士坦丁一世
于312年的米里维桥战役中大获全胜而建立
的，是古罗马的重要建筑之一。

图5-10　巴黎星形广场凯旋门
（Arc de triomphe de l'Étoile）

新古典建筑，于拿破仑时代所建，是为了纪
念1805年拿破仑率领的法国军队在奥斯特利
茨战役中击败了俄奥联军。位于著名的香榭
丽舍大街的戴高乐广场中央。

小结

图释新古典主义建筑

小　结

图5-11　新古典主义风格别墅

图5-12　新古典主义室内设计

用水平方向的三段式演绎古典主义风格的秩序，但三段之中又蓄势空间的变化和对比；用双柱沿袭了古典主义的传统风格样式，但传统中又有变化，用双柱强调出建筑纵向的延伸感。

室内家装整体以古典和恬静为主旋律。柔和的灯光照射下，浅色的墙面与皮革质感的沙发与之映衬，配以地面极富现代感的织物，体现出主人传统而不失现代审美的优雅品味。

　　如果说巴洛克、洛可可风格的建筑创造出的是一种属于贵族和少数人的奢华之美，那么，新古典主义建筑创造的则是植根于理性和人性思想、又取材于古典风格的一种有厚度的形式美。

　　在古典主义建筑中，我们看到的是一种整齐、严格的古典主义秩序，而新古典主义建筑则不同。它表现的是一种取材于古典，却用现代的方式演绎出的古典，也是一种更关注大众生活的风格。

　　新古典主义建筑在其表面形式和理想思想之间，创造了一种完美的契合，一种美学层面的精神思想与物质的结合。它可以被称为欧洲启蒙运动以及资产阶级革命旗帜下必然而得的产物。但事实上其本身也是另一意义上的革命和

创造，开创了一个艺术史上从未有过的新纪元。

　　然而当新古典主义风格产生之时，它还是具有相当的煽动性和争议性的，因为它既陌生又熟悉，同时包含了标准的古典主义和现代主义两种纯正的风格；再加上建立在新技术和新的社会生活习惯上新的创作语汇，再去扩展和扭曲以前的标准法则及组织结构，根据同一系列法则来确定设计的真正意图，使古典的东西被赋予新的含义。

　　当争议和斗争平息的百年以后，我们回头再次审视这个风靡一时的思潮时才会发现，真正有内涵有深度有根基的艺术形式，总有大放光彩并得以传承之时。

第2篇　后现代阶段的新古典主义建筑（1950年~2000年）

6　概述

图6-1　加泰罗尼亚国立歌剧院（加泰罗尼亚）

加泰罗尼亚国立歌剧院（National Theatre of Catalonia）是一座由加泰罗尼亚政府文化部门于巴塞罗那设立的公共剧院。1996年完工，该建筑是以古典柱式与玻璃幕墙相结合，由后现代主义建筑师里卡多·波菲设计。

图6-2　旧金山现代艺术博物馆（美国旧金山）

旧金山现代艺术博物馆（SF Museum of Modern Art）是马里奥·波塔最早设计的博物馆，也是他在美国的第一个作品。设计者运用古典的建筑符号以及红褐色面砖，立面尽显古典主义建筑精神。

　　第二次世界大战之后，现代主义形式风靡全球，大规模集成化建筑遍布各地的同时，人们开始怀念古典主义风格建筑，开始重新审度建筑在艺术层面上的内涵。在这种懵懂意识下，新古典主义的第二阶段应运而生。主要出现在20世纪50年代后，一直延续影响至今，我们称为"新古典主义后现代时期"。这次所呈现出来的风格与形式超出了传统古典主义与现代主义的语言，它是一种新的建筑语汇的应用，也成为后现代主义一个重要的流派。这个时期的新古典主义在形式上的创作仍来源于古典主义艺术风格，但是和第一次复古相比，更具备了现实意义。

　　经过现代主义思潮的洗礼，人们对

艺术文化的理解更加广阔，新古典主义的出现创建了一种新的艺术价值观，这种观念提倡用含混、抽象、包容的创作观来融合古典与现代风格。对于古典主义而言，它不是顺从也不是背叛，而是发展与变化的继承；对于现代主义而言，它不是赞美也不是排斥，而是批判与有选择地吸收。这些表现更多体现在建筑风格与文化上。

7 后现代阶段新古典主义建筑的产生背景

美国建筑师罗伯特·恩斯特说:"作为一个现代人,我相信古典建筑语言仍然具有持久的生命力。……我相信古典主义可以很好地协调地方特色与从不同人群中获得的雄伟、高贵和持久的价值之间的关系。古典主义语法、句法和词汇的永久的生命力揭示的正是这种作为有序的、易解的和共享的空间的建筑的最基本意义"①。

---

① 郑时龄. 建筑批评学[M]. 北京:中国建筑工业出版社,2001.

图7-1　泛美金字塔（美国旧金山）

泛美金字塔（Transamerica Pyramid），美国旧金山最高的摩天大楼和后现代主义建筑，大楼为四面金字塔造型，以古埃及金字塔为原型，由建筑师威廉·佩雷拉设计。

图7-2　美国电报电话公司总部（美国纽约）

美国电报电话公司总部（American Telegraph Company）由菲利普·约翰逊设计，是现代高层建筑，但是风格上融入了古典主义和巴洛克的符号，强调竖向划分，顶部有个巨大的断山花造型，是后现代主义新古典风格的典范。

现代主义建筑思潮在20世纪中叶的西方建筑界一直处于主导地位，它产生于19世纪后期，20世纪20年代趋向成熟并风行全世界。一方面现代主义建筑思潮用新的美学原则颠覆了古典建筑的形式，它主张建筑形体与功能的统一、灵活均衡的构图原则、简洁纯净的造型。另一方面，由于战后的生产与重建的需求，现代主义引导的实用、简洁原则更能满足社会的诉求，这也客观推动了现代主义建筑思潮的发展。现代主义提倡的"建筑产品化"、"居住机器"等相关理论与实践一度或为追捧的原则。

然而正是这种大规模的发展，不经意地将现代主义建筑带到了工业批量化生产的泥潭里。发展到20世纪五六十年代的现代主义建筑在局部上出现了畸形：对古典美学以及传统文化的背离与轻视导致它远离艺术，从而形成了一些古板、千篇一律的风格现象。

尤其第二次世界大战之后，现代建筑发展成为一种"国际式"，其冷漠而机械的弊端也渐渐表露出来。不同城市都纷纷树立起千篇一律的"方盒子"建筑，古典情感和人文主义精神似乎也已经渐行渐远。

图7-3　Abteiberg博物馆（德国格拉德巴赫）

Abteiberg博物馆属于"戏谑的古典主义"，是后现代主义中影响最大的一种类型。博物馆的外观有明显的嘲讽特征，使用部分古典主义建筑的形式和符号，表现手法具有戏谑的、嘲讽的特点。

图7-4　伦敦皇家歌剧院（英国伦敦）

伦敦皇家歌剧院（Royal National Theatre London），古典厚重的石材与现代轻盈的玻璃幕墙相融合，简化和放大的线脚也巧妙地将古典元素融合其中，也是后现代建筑的代表。

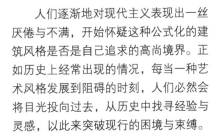

人们逐渐地对现代主义表现出一丝厌倦与不满，开始怀疑这种公式化的建筑风格是否是自己追求的高尚境界。正如历史上经常出现的情况，每当一种艺术风格发展到阻碍的时刻，人们必然会将目光投向过去，从历史中找寻经验与灵感，以此来突破现行的困境与束缚。

古典主义的再次回归随之到来，而这次是作为对"国际式"的批判和修正，在现代建筑内部又出现了一种"新古典主义"。它不同于启蒙时期的新古典主义，而是在坚持现代建筑的基本原则下，与"纪念性"表达相联系，并以不同的方式对其作出回应，以一种折中的态度对待古典文化与现代文化，突破了现代主义的几何定式，在对传统留恋

与革新的同时，也结合了现代的技术手段与表现手法，为现代主义建筑思潮的发展注入了一股清新的力量。

background

图7-5　第二歌德讲堂（瑞士巴塞尔）

该建筑位于瑞士，设计师是Rudolf Steiners。作品采用古典坡屋顶、厚重石墙以及线脚，重新诠释成富有雕塑感的后现代新古典主义建筑。

图7-6　明尼阿波利斯艺术设计学院（美国明尼阿波利斯）

明尼阿波利斯艺术设计学院（Minneapolis Institute of Arts）是迈克尔·格雷夫斯设计的，立面采用了对称的手法和古典方形元素，形成极强的格构感。

8　后现代阶段新古典主义建筑的发展

8.1　起始阶段

8.2　发展阶段

8.3　代表建筑师介绍

图8-1 富兰克林中心广场（美国费城）

该建筑由建筑师文丘里设计。该广场周边分布现代的以玻璃幕墙为主要立面形式的现代建筑和红砖砌筑的古典建筑，建筑师提取古典元素和现代材料设计广场上的雕塑小品，体现出新古典主义思想。

图8-2 达拉斯市立国家银行大楼（美国达拉斯）

达拉斯市立国家银行大楼（Bank One Center Dallas，TX）由菲利普·约翰逊设计，采用古典拱券作为建筑顶部的设计元素。入口处拱形门及线脚也充分体现后现代新古典主义建筑特点。

8.1 起始阶段

新古典主义后现代部分建筑思潮出现的标志是20世纪五六十年代的一些重要的作品，这其中包含阿尔托的珊纳特塞罗镇公所（Civic Center，Saynatsalo，1949~1952），爱德华·D·斯东的新德里美国大使馆（United States embassy New Dehli，1954）和布鲁塞尔博览会美国馆（1958），菲利普约翰逊的阿蒙·卡特西方艺术博物馆（Amon Karter Museum of West Art）和内布拉斯加州大学谢尔顿艺术纪念馆（Sheldon Memorial Art Gallery，1958~1966），雅马萨基的美国韦恩州立大学麦克格雷戈尔会议中心（McGregor Memorial Community Conference Center Wayne State University，1955~1958）。[1]

这些作品虽然风格各异，但它们都以浓厚的怀旧感情和大胆的革新精神对古典语汇作了新的阐释。阿尔托的珊纳特塞罗镇公所"将乡土的和古典的形式融汇到一种原始的和更真实的表现形式之中"[2]；菲利普·约翰逊的阿蒙·卡特西方艺术博物馆和内布拉斯加州大学

---

① 万书元. 新古典主义建筑论[J]. 东南大学学报. 1999，4：55-59.
② 张黎. 浅论新古典主义建筑思潮[J]. 铜陵职业技术学院学报. 2008，9：12-14.

图8-3　亚特兰大电气公司（Atlanta Gas Light）

亚特兰大电气公司位于美国亚特兰十桃树广场（Ten Peachtree place）附近。

图8-4　迈克尔·卡洛斯博物馆（美国亚特兰大）

迈克尔·卡洛斯博物馆（Michael C. Carlos Museum）是迈克尔·格雷夫斯的作品。建筑采用了坡屋顶和象征古典山墙的三角形符号。

谢尔顿艺术纪念馆（1958~1963），以旧曲新唱的巧妙构思，把高雅的古典情趣和潇洒而精巧的现代手法融为一体，在对现代生活的讴歌中展示了古典美学的无穷魅力。

设计师们从古典主义的艺术成就中找寻灵感与手段，以此对抗现代主义，这也拉开了对这个阶段新古典主义探索的序幕。

8.2　发展阶段

60年代之后，新古典主义建筑师开始大量出现，其中最具代表性的人物是罗伯特·文丘里、罗伯特·斯特恩、迈克尔·格雷夫斯、菲利普·约翰逊、雅马萨奇等。这些建筑师们普遍把传统看成建筑的必要元素，而且热衷于在建筑上表达传统，从而使得建筑更加生动与活泼。

这其中有很多表达方式，例如格雷夫斯的建筑作品经常在现代主义的基础之上，以古典元素的变形和装饰使现代建筑具有历史层面的象征和隐喻，并且通过区分建筑的基座、主体和屋顶，以

图8-5　Castalia卫生福利体育部大楼（荷兰）

图8-6　辛辛那提大学工程技术研究中心（美国）

Castalia卫生福利体育部大楼（Castalia, Ministry of Health, Welfare and Sport），由建筑师迈克尔·格雷夫斯设计。夸张的古典巨型坡屋顶直截了当地表达了建筑师的设计思想。

辛辛那提大学工程技术研究中心（Engineering Research Center, University of Cincinnati）是迈克尔·格雷夫斯代表作之一。象征着古典主义建筑符号的壁柱、拱、圆窗等被运用到建筑立面之中，建筑师已不再遵循严格的古典法则。

"拟人化"的方式延续了古典建筑的传统；菲利普·约翰逊则是另一位热衷于新古典主义手法的专家，他在其代表作美国电话电报公司大楼的设计上，将巴洛克山花、芝加哥窗、巴奇礼拜堂的立面全部杂糅在一起，形成一种别致的形式。

发展到后期，新古典主义已经不再是理性、简洁、本源的表现，而成了"激进的折中主义"和"装饰主义"的表现形式。它以自己的模棱两可、雅俗共赏、双重译码来反驳"国际式"的教条和单一，并通过对古典语言的变形和

转译回应社会的多元性与矛盾性。

新古典主义思潮就是这样不断地与各种文化流派相碰撞而发展并一直延续至今。

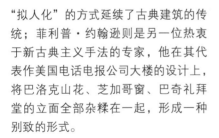

迈克尔·格雷夫斯　　罗伯特·文丘里　　菲利普·约翰逊　　雅马萨奇

图8-7　后现代新古典主义建筑师代表

8.3　代表建筑师介绍

罗伯特·文丘里、菲利普·约翰逊、雅马萨奇是新古典主义后现代部分建筑师的三位代表人物。他们的作品和理论，在不同程度上体现了新古典建筑的鲜明特征。

图8-8　栗子山母亲住宅（美国费城）

文丘里为其母亲设计的私人住宅，是在长期理论探讨后做出的大胆实践。建筑师采用必要的符号表达对建筑的理解。立面采用古典山墙的对称构图，然而又有不对称的窗门洞，体现出建筑的复杂性与矛盾性。

图8-9　塞恩斯伯里裙楼（英国伦敦）

该建筑也是伦敦国立美术馆扩建工程，由罗伯特·文丘里和丹尼斯·斯科特·布朗联合设计。手法具有折中的、戏谑的特点，有浓重的后现代主义色彩。

8.3　罗伯特·文丘里（Robert·Venturi）

文丘里（1925年出生），美国籍，世界著名建筑大师，理论家，被称为"后现代主义之父"。

文丘里的建筑作品使用了古典形式，但是又不刻意追求纯正，建筑元素比较复杂，这也正如他最知名的著作《建筑的复杂性与矛盾性》（1966）里提到的那样，他否定了现代主义"少即是多"的原理，认为现代主义建筑脱离生活，过分理想化。他主张大众化的道路，借鉴历史传统并尊重地域性环境特征。

他的代表作品有：费城母亲之家、费城富兰克林故居、费城老人公寓、伦敦国家美术馆、俄亥俄州奥柏林大学艾伦美术馆等。

文丘里用古典的语言对现代的精神进行完善，作品中的古典语言已不再是历史样式的复古，而是结合于大众文化和波普艺术的"古词新意"。

图8-10　第一大西洋中心（美国亚特兰大）

第一大西洋中心（Atlantic Center）是菲利普·约翰逊的又一作品。该建筑同样是现代高层建筑，建筑顶部采用坡屋顶、拱形窗、尖形壁柱来突出后现代新古典主义建筑特征。

图8-11　匹兹堡PPG大厦（美国宾夕法尼亚州）

匹兹堡PPG大厦（PPG Headquarters Pittsburgh）是由美国建筑师菲利普·约翰逊设计的，其惯用手法是强调竖向线条和立面融入古典元素。

8.3.2　菲利普·约翰逊（Philip Johnson）

菲利普·约翰逊（1906~2005），美国著名建筑师，建筑理论家，被称为美国建筑界的"教父"。

约翰逊早期作品受到现代主义大师密斯·凡·德·罗的影响，五十年代后开始转向新古典主义。这个时期的代表作品有内布拉斯加大学的谢尔顿艺术纪念馆（1960~1963）、纽约林肯中心的纽约州剧院（1964）以及纽约美国电报公司大厦（1980），他把传统建筑构件进行了变形处理，重新合成在现代化的建筑中，造出一种隐喻的气氛。

约翰逊的新古典主义作品中既不依照古典的法式，也不照搬哥特、巴洛克的构件，而是从历史中尽情挑选他所中意的东西。用约翰逊自己的话说："我的探求纯然是历史主义的，不是复古而是折中的"。他的作品遍及各个领域，一直处于建筑舆论注目的中心，引领了当时建筑界走向一个更加多元化的形式舞台。

图8-12　西北国民人寿保险公司
（美国明尼阿波利斯）

图8-13　世贸中心（美国纽约）

西北国民人寿保险公司（NORTHWESTERN NATIONAL LIFE INSURANCE CO. OFFICE BUILDING）精致的哥特式尖券强烈地表达着"典雅主义"风格，设计师是雅马萨奇。

世贸中心（World Trade Center）是雅马萨奇的代表作之一。底部采用尖券及束柱的古典元素，结合现代高层建筑的形态特征，将古典主义建筑风格融入现代建筑，恰到好处地突出高耸的感觉。

8.3.3　雅马萨奇（Minoru Yamasaki）

雅马萨奇（1912~1986），日本裔美国人，著名建筑大师。

由于雅马萨奇的日裔文化背景，他对东西方建筑文化都有深厚的理解。他一生都在探索如何将美与功能在设计中很好地结合起来，他的作品承载较多的传统文化，具有典型的古典主义风格，对比同时期后现代朴野主义风格，显得更精细化、具有雅致的气息，所有也被称为"典雅主义"。

他的作品主要集中在20世纪50年代至70年代，代表作品有：日本神户美国总领事馆（1953）、迈格拉格纪念会议中心（1958）、洛杉矶世纪城酒店（1966）、克莱斯勒公司产品楼（1972）以及最著名的纽约世贸中心双子塔（1973）。

这些作品继承了新古典主义的精髓，促进了建筑风格与潮流的发展。

9　后现代阶段新古典主义建筑的设计风格

9.1　历史性文化性的装饰风格

9.2　折中主义思想

9.3　人性化的艺术处理

9.4　风格设计与手法

图9-1　圣约瑟夫喷泉广场建筑（美国新奥尔良）

位于新奥尔良广场中心的圣约瑟夫喷泉广场
（Plaza de Italia en New Orleans）是查尔
斯·摩尔的代表作，以其极为夸张的设计手
法将古典柱式、拱券等元素融为一体。

图9-2　大加那利岛拉斯帕尔马斯礼堂（西班牙）

大加那利岛拉斯帕尔马斯礼堂（Auditorio
de Las Palmas de Gran Canaria）是由建筑
师奥斯卡涂色奎特设计，充分利用了古典元
素造型符号。

　　50年代，现代主义在以美国为代
表的国家中陷入衰落，后现代主义的文
化思潮逐渐形成。作为这一时期后现代
主义思潮重要分支的新古典主义较之
18、19世纪的新古典主义，在风格上
既传承起文脉，又有其独特个性，不拘
泥于历史之中。具体表现在装饰风格、
折中主义思想、人性化的艺术处理等几
个方面。

图9-3　斯图加特新国立美术馆（德国斯图加特）

斯图加特新国立美术馆（James Stirling, Nueva Galería Estatal de Stuttgart）的设计师是斯特林，以新的方式使用历史元素，使博物馆获得一种古典建筑所具有的纪念性和仪式感。

图9-4　波尔菲巴黎综合体建筑群
（Les Espaces d'Abraxas）（法国巴黎）

该建筑由西班牙建筑师里卡多·波菲尔设计完成，具有浓烈的历史装饰风格特征。

9.1　历史性文化性的装饰风格

以隐喻、符号化的装饰风格强调历史性和文化性。在这一时期的新古典主义作品中，经典而具体的古典元素被抽象化了。以建筑为例，现代社会的建筑功能日趋复杂，古典主义时期经典的建筑空间和平面布局往往很难满足现代社会需求。而现代主义正在从极盛期走向衰落，人们对千篇一律的"国际式"面孔感到了厌倦。于是，一种在现代空间上包裹古典外衣的风格出现了，柱式、拱券、山花、线脚等抽象化元素既是装饰又隐喻着历史，从而建立了历史与现实之间的文脉关联。

9.2　折中主义思想

新古典主义透出要素混杂、兼容并蓄的折中主义痕迹。

装饰是美学的重要部分，现代主义建筑奉行纯粹主义，曾将装饰扫除的一干二净。新古典主义者却重新将装饰风格运用到建筑上，尤其是外立面的设计。罗伯特·文丘里，美国著名建筑师，被称作"后现代主义之父"。他在著作《建筑的复杂性与矛盾性》中写到："我喜欢基本要素混杂而不要'纯粹'，折中而不要'干净'，扭曲而不要'直率'，含糊而不要'分明'，既反常又无个性，既恼人又'有趣'，宁要'平凡'

图9-5　胡玛大厦（美国路易斯维尔）

该建筑由迈克尔·格雷夫斯设计，坐落于肯塔基州的路易斯维尔，吸取古典建筑特色而演绎出各种构图。

图9-6　波特兰市政厅（美国波特兰）

波特兰市政厅（The Portland Building by Michael Graves）由格雷夫斯设计，形态像是一个抽象、简化了的希腊神庙，体现了古典建筑的厚重感。

也不要'造作'，宁可迁就也不要排斥，宁可过多也不要简单，既要旧的又要创新，宁可不一致和不肯定也不要直接的和明确的。我主张杂乱而有活力胜过明显的统一。"[1]在新古典主义建筑的一些经典案例中，经常可以见到一幢建筑中引用多种历史风格，历史片段在其中被简化、变形、拼接、混合，再加上新材料、新技术和新的构造做法，一种新的形式语言与设计理念产生了。

[1]　罗伯特·文丘里. 建筑的复杂性与矛盾性[M]. 周卜颐译. 北京：中国建筑工业出版社，1991.

图9-7　米拉玛度假酒店（埃及）

图9-8　迪士尼公司总部大楼（美国）

米拉玛度假酒店（Miramar Resort Hotel）出自迈克尔·格雷夫斯之手，体现历史地域主义与通俗文化的融合性关系，也很好地迎合了大众口味。

迪士尼公司总部大楼（Ten Peachtree Place）是迈克尔·格雷夫斯的作品。该建筑将迪士尼卡通人物作为壁柱试图与希腊神庙的女像柱达到异曲同工之妙。

9.3　人性化的艺术处理

新古典主义强调与现代主义截然不同的人性化艺术处理。现代主义强调功能性、实用性、工业化、标准化，从而也导致了极端的形式化、理性化。对没有个性、缺少人性的现代主义建筑的反感促使一些人从传统建筑中寻求出路。

新古典主义借鉴历史、崇尚文化，认同多样化、混杂、折中和多元共存。迎合大众的口味和需求、以人为本，受到社会的普遍欢迎。又不拘泥于传统的逻辑思维方式，探索创新造型手法，讲究人情味。经常采用色彩艳丽、雅俗共赏的装饰图案；也经常把古典构件进行

抽象变形并以新的手法组合在一起，来创造一种既感性又理性、既传统又现代、既精致高雅又贴近生活的生活态度和方式。

新古典主义风格，更像是一种多元化的思考方式，将怀古的浪漫情怀与现代人对生活的需求相结合，兼容华贵典雅与时尚现代，反映出后工业时代个性化的美学观点和文化品位。

图9-9　迪士尼世界天鹅宾馆（美国）

迪士尼世界天鹅宾馆（Walt Disney World Swan Hotel）位于美国佛罗里达州，充分体现了设计师格雷夫斯的主张："突出某些建筑艺术要素，建立起作为大众艺术的建筑学"。具象的雕塑与建筑结合在一起，充满人性化的设计手法以及古典比例与形式的延续都成为该建筑的特色。

图9-10　德克萨斯州休斯敦银行大厦

德克萨斯州休斯敦银行大厦（Bank of America Houston）是菲利普·约翰逊的作品，把历史上古老的建筑构件进行变形，抽象融入现代化的大楼中，有意造成暧昧的隐喻和独特的尺度，强调设计的细节。该建筑将新古典主义艺术和后现代哲学思想进行杂糅，精致与粗犷、华丽与朴素等对立的关系交织在一起。

9.4　风格设计与手法

这一时期的新古典主义主要有两种类型，一种是抽象的古典主义，一种是具象的古典主义。无论哪一种类型都遵从折中主义哲学思想和自由主义美学思想。

（1）新古典主义的宗旨是抽象和隐喻，所以选用的古典元素是经典并为人们所熟知的，例如山花、拱券和柱式等。运用混合、拼接、分离、简化、变形、解构、综合等方法把抽象出来的古典建筑元素或符号巧妙地融入建筑中，使古典的雅致和现代的简洁得到完美的统一。

图9-11　美国俄亥俄州奥柏林美术馆

美国俄亥俄州奥柏林美术馆（Art Museum Oberlin）是文丘里的作品。文丘里将柱式与建筑合并在一起。该作品具有纪念性和装饰性。以标记和符号为装饰，将一种具象的古典融入他的设计中。

图9-12　普林斯顿大学社会和餐饮中心

普林斯顿大学社会和餐饮中心（Gordon Wu Hall Princeton）是文丘里的作品，其建筑立面形式加入抽象的古典几何图案，并采用橙色砖和石灰岩为主要外墙材料，端部以一个古典的半圆形体作为结束。

（2）新古典主义强调历史和关联性，借鉴古典的典型语言，把古典主义与现代建筑风格、技术相结合，吸收古典建筑对称构图、轴线处理、三段式等手法，把建筑功能、结构与装饰相结合，处理细腻、亲切、自然、有人情味。

（3）矛盾对立中寻求兼容统一。受后现代主义影响，新古典主义艺术或多或少糅杂了结构主义、存在主义等主流后现代哲学思想，抛弃了现代主义的严肃与简朴，强调设计的含糊性和非理性，以隐喻和细节刻意制造出一种含混不清、令人迷惑的空间和视觉效果。在色彩与材料的运用上灵活多变，兼容并蓄，光明与昏暗、精致与粗犷、华贵与朴拙等对立关系经常交织在一起，导致一定程度上的模糊性和多义性，以非理性的存在来呈现设计作品的轻松和宽容。

10 新古典主义后现代阶段典型建筑作品

图10-1 美国驻印度大使馆（印度新德里）

设计师是爱德华·斯东（Edward Stone），建筑立面采用了类似帕特农神庙的典雅比例，把古典与现代融为一体，以列柱、轴线表达了庄重，同时又通过纤细华丽的柱式表达了现代主义气息，整个建筑采用白色幕墙，纯净而雅致。

图10-2 华盛顿法院（美国华盛顿）

图10-3　林肯中心（美国纽约）

世界最大的文化建筑组群之一，位于纽约曼哈顿CBD中心区旁，包含剧院、音乐厅、博物馆、图书馆等众多的文化、艺术功能，建筑大多采用新古典主义风格，诸如其中的大都会歌剧院就用了五个罗马拱形的大玻璃窗，气势宏伟又不失优雅。

图10-4　韦恩州立大学会议中心（美国）　　图10-5　内布拉斯加州大学谢尔顿艺术纪念馆
（美国）

建 筑 作 品

图10-6　英国国家艺术博物馆（英国伦敦）

设计师是罗伯特·文丘里，建于1986年。该建筑是新古典风格，采用了大量的历史建筑结
构和装饰细节，特别是古罗马建筑的细节，具有独特的历史韵味，与现代结构浑然一体，也
融合在城市环境当中。

图10-7　英国国家艺术博物馆圣斯布里厅（英国伦敦）

图10-8　美国驻印度大使馆（印度新德里）

建筑风格类似帕特农神庙的典雅比例，把古典与现代融为一体，以列柱、轴线表达庄重，同时又通过纤细华丽的柱子表达现代主义气息，整个建筑采用白色幕墙，纯净而雅致。

图10-9　世纪城世纪广场酒店（美国纽约）　　　图10-10　宾夕法尼亚州费城公会大楼（美国）

图10-11　索德车站（瑞典斯德哥尔摩）

设计师是卡多·波尔菲（Ricardo Bofill），建于1991年，主体建筑呈半圆形，围合成一个直径180米的半圆形广场。整个综合体由南侧两个街区和西侧的三个街区组成。月形的立面由继承了日耳曼传统建筑风格的简单而纯净的线条构成。

图10-12　索德车站建筑立面细节（瑞典斯德哥尔摩）

小结

图10-13　哈佛大学纪念堂（Memorial Hall）（美国）

设计师是罗伯特·文丘里，建于1995年，该建筑从外形到建筑材料的运用都来自传统，采用大量的古典元素符号，透出哥特风格。

后现代时期的新古典主义以一种灵活的方式，将"古典美"溶于现代建筑的结构、功能中。一方面，新古典主义建筑仍然采用了古典建筑的构图和形式，在文化心理上保留着人们对传统的认同；另一方面，它又面向现代，在建筑技术、结构、功能上采用了工业革命的伟大成就，它创造了植根于工业时代的一种形式美，表现出历史和文化纵深感，在这类建筑中，你可以看到种文化意蕴。

后现代时期的新古典主义思潮以其独特的方式将古典传统引入现代。在这一过程中，它与西方历史上任何时期的古典复兴都不同，不再仅仅作为一种单一明晰的社会意识观念的表达，而成为新与旧、革命与保守、启蒙与愚昧、相对与绝对的矛盾混合体，可以说，它是文化上的折中主义，美学上的自由主义。

新古典主义建筑成为思想变革和技术发展的城市象征物，它创造了一种与现代主义建筑不同的人性化空间，从而在协调人与人之间、人与社会之间的关系和改善建筑的亲和性方面，为后现代主义时代的建筑提供了有益的经验，同时，它也成为一种表达国家精神、唤起民族自豪感的象征语言。

图片出处

[1]   图1-1 作者拍摄、整理

[2]   图1-2 作者拍摄、整理

[3]   图1-3 作者拍摄、整理

[4]   图1-4 作者拍摄、整理

[5]   图1-5 作者拍摄、整理

[6]   图1-6 作者拍摄、整理

[7]   图2-1 作者拍摄、整理

[8]   图2-2 作者拍摄、整理

[9]   图2-3 作者拍摄、整理

[10]   图2-4 作者拍摄、整理

[11]   图2-5 作者拍摄、整理

[12]   图2-6 作者拍摄、整理

[13]   图3-1 作者拍摄、整理

[14]   图3-2 作者拍摄、整理

[15]   图3-3 作者拍摄、整理

[16]   图3-4 拍摄者AlanFord（已授权）

[17]   图3-5 拍摄者Mbzt（已授权）

[18]   图3-6 作者拍摄、整理

[19]   图3-7 作者拍摄、整理

[20]   图3-8 作者拍摄、整理

[21]   图3-9 拍摄者Peter Rivera（已授权）

[22]   图3-10 拍摄者Didier B（已授权）

[23]   图3-11 作者拍摄、整理

[24]   图3-12 作者拍摄、整理（左图）

[25]   图3-12 拍摄者Chris（已授权）（右图）

[26]   图3-13 作者拍摄、整理

[27]   图3-14 作者拍摄、整理

[28]   图3-15 作者拍摄、整理（左图）

[29]   图3-15 拍摄者Sacre（已授权）（右图）

[30]   图3-16 拍摄者Diliff（已授权）

[31]   图3-17 作者拍摄、整理

[32]   图3-18 作者拍摄、整理（左图）

[33]   图3-18 拍摄者Adrian（已授权）（右图）

[34]   图3-19 作者拍摄、整理

[35]   图3-20 作者拍摄、整理

[36]   图3-21 作者拍摄、整理

[37]   图3-22 拍摄者AAG, Zürich（已授权）（左图）

[38]   图3-22 作者拍摄、整理（右图）

[39]   图3-23 作者拍摄、整理

[40]   图3-24 作者拍摄、整理

[41]   图3-25 作者拍摄、整理

[42]   图3-26 拍摄者:汤德伟，上海优秀历史建筑，2009

[43]   图3-27 拍摄者:汤德伟，上海优秀历史建筑，2009

[44]   图3-28 拍摄者:汤德伟，上海优秀历史建筑，2009

[45]   图3-29 拍摄者:汤德伟，上海优秀历史建筑，2009

[46]   图3-30 拍摄者:汤德伟，上海优秀历史建筑，2009

[47]   图3-31 拍摄者:汤德伟，上海优秀历史建筑，2009

[48]   图3-32 拍摄者:汤德伟，上海优秀历史建筑，2009

[49]   图3-33 拍摄者:汤德伟，上海优秀历史建筑，2009

[50]　图3-34 拍摄者:汤德伟,上海优秀历史建筑,2009

[51]　图3-35 拍摄者:汤德伟,上海优秀历史建筑,2009

[52]　图3-36 作者拍摄、整理

[53]　图3-37 作者拍摄、整理

[54]　图3-38 拍摄者:汤德伟,上海优秀历史建筑,2009

[55]　图3-39 作者拍摄、整理

[56]　图3-40 拍摄者:汤德伟,上海优秀历史建筑,2009

[57]　图3-41 拍摄者:汤德伟,上海优秀历史建筑,2009

[58]　图3-42 作者拍摄、整理

[59]　图3-43 拍摄者TJArchi-Studio（已授权）

[60]　图3-44 拍摄者:汤德伟,上海优秀历史建筑,2009

[61]　图3-45 拍摄者:汤德伟,上海优秀历史建筑,2009

[62]　图3-46 作者拍摄、整理

[63]　图3-47 作者拍摄、整理

[64]　图3-48 拍摄者:汤德伟,上海优秀历史建筑,2009

[65]　图3-49 拍摄者:汤德伟,上海优秀历史建筑,2009

[66]　图3-50 拍摄者:汤德伟,上海优秀历史建筑,2009

[67]　图3-51 拍摄者:汤德伟,上海优秀历史建筑,2009

[68]　图3-52 拍摄者:汤德伟,上海优秀历史建筑,2009

[69]　图3-53 拍摄者:汤德伟,上海优秀历史建筑,2009

[70]　图3-54 作者拍摄、整理

[71]　图3-55 作者拍摄、整理

[72]　图3-56 作者拍摄、整理

[73]　图3-57 作者拍摄、整理

[74]　图3-58 作者拍摄、整理

[75]　图3-59 作者拍摄、整理

[76]　图3-60 作者拍摄、整理

[77]　图3-61 作者拍摄、整理

[78]　图3-62 作者拍摄、整理

[79]　图3-63 作者拍摄、整理

[80]　图3-64 作者拍摄、整理

[81]　图3-65 作者拍摄、整理

[82]　图3-66 作者拍摄、整理

[83]　图3-67 作者拍摄、整理

[84]　图3-68 作者拍摄、整理

[85]　图3-69 作者拍摄、整理

[86]　图3-70 作者拍摄、整理

[87]　图3-71 作者拍摄、整理

[88]　图3-72 作者拍摄、整理

[89]　图3-73 作者拍摄、整理

[90]　图3-74 作者拍摄、整理

[91]　图3-75 作者拍摄、整理

[92]　图3-76 作者拍摄、整理

[93]　图3-77 作者拍摄、整理

[94]　图3-78A 作者拍摄、整理

[95]　图3-78B 作者拍摄、整理

[96] 图4-1 parthenon facade FIGURE 4. THE PARTHENON, RESTORED WEST ELEVATION,THE ANTIQUITES OF ATHENS, VOL. II, CHAP.I, PLATE III By Kelly Price Published April 3, 2012

[97] 图4-2 NEW CLASSICITST, BY KENTATE, 香港百斯得图书发展有限公司

[98] 图4-3拍摄者Jacques-Germain Soufflot（已授权）

[99] 图4-4 NEW CLASSICITST, BY KENTATE, 香港百斯得图书发展有限公司

[100] 图4-5 NEW CLASSICITST, BY KENTATE, 香港百斯得图书发展有限公司

[101] 图4-6 NEW CLASSICITST, BY KENTATE, 香港百斯得图书发展有限公司

[102] 图4-7 NEW CLASSICITST, BY KENTATE, 香港百斯得图书发展有限公司

[103] 图4-8 NEW CLASSICITST, BY KENTATE, 香港百斯得图书发展有限公司

[104] 图4-9 NEW CLASSICITST, BY KENTATE, 香港百斯得图书发展有限公司

[105] 图4-10 NEW CLASSICITST, BY KENTATE, 香港百斯得图书发展有限公司

[106] 图4-11 拍摄者R. Arlt（已授权）

[107] 图4-12 拍摄者arch_ibd（已授权）

[108] 图4-13 作者拍摄、整理

[109] 图4-14 作者拍摄、整理

[110] 图4-15 拍摄者arch_ibd（已授权）

[111] 图4-16 作者拍摄、整理

[112] 图4-17 作者拍摄、整理

[113] 图4-18 NEW CLASSICITST, BY KENTATE, 香港百斯得图书发展有限公司

[114] 图4-19 NEW CLASSICITST, BY KENTATE, 香港百斯得图书发展有限公司

[115] 图4-20 NEW CLASSICITST, BY KENTATE, 香港百斯得图书发展有限公司

[116] 图4-21 NEW CLASSICITST, BY KENTATE, 香港百斯得图书发展有限公司

[117] 图4-22 NEW CLASSICITST, BY KENTATE, 香港百斯得图书发展有限公司

[118] 图4-23 NEW CLASSICITST, BY KENTATE, 香港百斯得图书发展有限公司

[119] 图4-24 NEW CLASSICITST, BY KENTATE, 香港百斯得图书发展有限公司

[120] 图4-25 NEW CLASSICITST, BY KENTATE, 香港百斯得图书发展有限公司

[121] 图4-26 作者拍摄、整理

[122] 图4-27 作者拍摄、整理

[123] 图4-28 作者拍摄、整理

[124] 图4-29 作者拍摄、整理

[125] 图4-30 作者拍摄、整理

[126] 图4-31 作者拍摄、整理

[127] 图4-32 作者拍摄、整理

[128] 图4-33 作者拍摄、整理

[129] 图4-34 作者拍摄、整理

[130] 图4-35 作者拍摄、整理

[131] 图5-1 作者拍摄、整理

[132] 图5-2 作者拍摄、整理

[133] 图5-3 作者拍摄、整理

[134] 图5-4 作者拍摄、整理

[135]　图5-5 作者拍摄、整理

[136]　图5-6 作者拍摄、整理

[137]　图5-7 作者拍摄、整理

[138]　图5-8 拍摄者Jacques Bravo（已授权）

[139]　图5-9 拍摄者Alexander Z（已授权）

[140]　图5-10 作者拍摄、整理

[141]　图5-11 NEW CLASSICITST, BY KENTATE, 香港百斯得图书发展有限公司

[142]　图5-12 NEW CLASSICITST, BY KENTATE, 香港百斯得图书发展有限公司

[143]　图6-1 拍摄者Sergi Larripa（已授权）

[144]　图6-2 拍摄者WolfmanSF（已授权）

[145]　图7-1 作者拍摄、整理

[146]　图7-2 作者拍摄、整理

[147]　图7-3 拍摄者Josugon（已授权）

[148]　图7-4 拍摄者Wars（已授权）

[149]　图7-5 拍摄者Taxiarchos（已授权）

[150]　图7-6 作者拍摄、整理

[151]　图8-1 http://www.paperny.com

[152]　图8-2 http://www.retcominc.com

[153]　图8-3 http://media.cmgdigital.com

[154]　图8-4 作者拍摄、整理

[155]　图8-5 http://archinect.com

[156]　图8-6 http://archinect.com

[157]　图8-7 作者拍摄、整理

[158]　图8-8 拍摄者Smallbones（已授权）

[159]　图8-9 作者拍摄、整理

[160]　图8-10 拍摄者Atlantacitizen（已授权）

[161]　图8-11 http://www.schneiderdowns.com

[162]　图8-12 http://archiseek.com

[163]　图8-13 拍摄者Carol M. Highsmith（已授权）

[164]　图9-1 http://www.cyanmag.com

[165]　图9-2 http://www.cyanmag.com

[166]　图9-3 http://www.cyanmag.com

[167]　图9-4 拍摄者Horst Kiechle（已授权）

[168]　图9-5 http://www.bustler.net

[169]　图9-6 http://www.cyanmag.com

[170]　图9-7 http://www.bustler.net

[171]　图9-8 http://www.mimoa.eu

[172]　图9-9 http://www.swandolphin.com

[173]　图9-10 http://wallpapersget.com

[174]　图9-11拍摄者Daderot（已授权）

[175]　图9-12 http://www.artonfile.com

[176]　图10-1 作者拍摄、整理

[177]　图10-2 作者拍摄、整理

[178]　图10-3 作者拍摄、整理

[179]　图10-4 作者拍摄、整理

[180]　图10-5 作者拍摄、整理

[181]　图10-6 作者拍摄、整理

[182]　图10-7 作者拍摄、整理

[183]　图10-9 作者拍摄、整理

[184]　图10-10 作者拍摄、整理

[185]　图10-11 作者拍摄、整理

[186]　图10-12 作者拍摄、整理

[187]　图10-13 作者拍摄、整理

参考书目

[1] 陈志华. 外国建筑史 [M]. 北京：中国建筑工业出版社，2004.

[2] 罗小未. 外国近现代建筑史第二版 [M]. 北京：中国建筑工业出版社，2004.

[3] （美）肯尼斯·弗兰姆普敦（Kenneth Frampton）. 现代建筑：一部批判的历史（第4版）[M]. 张钦楠等译. 北京：生活·读书·新知三联书店，2012.

[4] 罗宾·米德尔顿（Middleton.R.），戴维·沃特金（Watkin.D.）. 新古典主义与19世纪建筑 [M]. 徐铁城等译. 北京：中国建筑工业出版社，2000.

[5] 王瑞珠. 世界建筑史：新古典主义卷 [M]. 北京：中国建筑工业出版社，2013.

参考论文

[1] 周祥. 十八世纪末法国新古典主义建筑的理性 [J]. 华中建筑，2006，9.

[2] 戈蒂娜. 新古典主义建筑在中国和西方 [J]. 华中建筑，2005，10.

[3] 张黎. 浅论新古典主义建筑思潮 [J]. 铜陵职业技术学院学报，2008，9.

[4] 施汴彬. 家居装饰的新古典主义风格设计 [J]. 科技创新导报，2009，9.

[5] 汪洋. 新古典主义装饰 [J]. 世界美术，2005，3.

[6] 王小漳. 新古典主义诸元素在室内设计中的应用 [J]. 美术大观，2008，12.

[7] 万书元. 新古典主义建筑论 [J]. 东南大学学报（社会科学版），1999，11.

[8] 陈兆荣. 新古典主义的基本特征 [J]. 扬州师院学报（社会科学版），1982，12.

[9] 刘书芳. 由历史的延续性探新古典主义的根源 [J]. 美与时代，2003，10.

[10] 黄华，郑东军. 论新古典主义与当代建筑创作 [J]. 中外建筑，2003，2.

[11] 王健. 浅析西方"新古典主义"对中国现代建筑的影响 [J]. 科技信息，2009，3.

[12] 张庆生. 新东方主义 当文化成为一种自觉 [J]. 住宅产业，2010，7.

[13] 雷小军. 传统与现代的邂逅——论"新中式"室内设计 [J]. 科技信息，2010，11.

参考网络资料

[1] http://www.zx-net.net/hangyezixun/206.html

[2] http://bbs.jinlaoxi.com/read-htm-tid-5948-ordertype-desc.html

[3] http://blog.jrj.com.cn/0077758806,2532441a.html

[4] http://www.66wen.com/06gx/tujian/jianzhu/20051031/1347.html

[5] http://www.zhlzw.com/qx/zhlw/56544.html

[6] http://all.zcom.com/archives/wendangziliao/d0cb-23290.htm

[7] http://www.fwsou.com/nongkelunwen/2/20070314/44537.html

[8] http://blog.sina.com.cn/s/blog_6ca6dca6010138bn.html

[9] http://blog.dichan.com/meimeilym/articlesshow-751760.html

[10] http://bbs.topenergy.org/thread-60126-1-1.html

后　记

　　本书在撰写过程中也参考了维基百科和百度百科网站里的部分内容。相关图片部分，除了来源于笔者及其朋友们的拍摄与整理外，也有一些是从互联网上精心查选而得，其中包含汤德伟先生在网络上公开展示的一些照片。在这里特此提及，以表尊重。

　　在本书编写过程中，参与和对本书给予贡献的成员:胡沈健（大连理工大学）、陈岩（大连理工大学）、董丽（大连理工大学）、王倩（大连理工大学）、刘颖（大连理工大学）、杨安琪（大连理工大学）、宋艺冰（大连理工大学）。